基礎講義 分子生物学

アクティブラーニングにも対応

田中弘文・井上英史　編

東京化学同人

ま え が き

　分子生物学は，ある生命現象を，そこに関わる分子群とそのつながりによる分子機構として理解しようとする学問である．生命現象をどうやって調べてきたかをみると，一つには形態学を中心とした学問の流れがあり，他方では構成成分やその働きを中心とした生化学の流れ，さらに遺伝学から遺伝子の働きを解析してきた分子遺伝学の流れなどがある．生物の構造も機能も，詳しく調べていくと分子の働きにいきつき，これらはみんな分子生物学といっても過言ではない．さらに，薬理学，免疫学，発生学なども分子生物学の分野を含むといえる．しかし，一般的には分子遺伝学が分子生物学の中心にあるといえよう．

　歴史をひもといてみると，G.W. Beadle と E.L. Tatum によるアカパンカビを用いた"一遺伝子一酵素説"，F. Griffith ならびに O.T. Avery らによる肺炎球菌の形質転換を起こす物質がデオキシリボ核酸（DNA）であることの発見，A. Hershey と M. Chase によるファージの遺伝物質の本体が DNA であることの発見などがあった．そして J.D. Watson と F. Crick による DNA の二重らせん構造の発見により，分子生物学が本格的に始まった．その後，伝令 RNA（mRNA）が発見され，さらに DNA 情報とタンパク質構造との関係，すなわち遺伝暗号が明らかにされた．そして，DNA が自己複製すること，遺伝情報は DNA → mRNA → タンパク質という一方向に伝達されることが確定し，この図式はセントラルドグマとよばれるようになった．さらに各種の DNA 修飾酵素が単離され，人為的な遺伝子組換えが可能となるとともに，DNA 塩基配列決定法，目的の DNA を大量に増幅させるポリメラーゼ連鎖反応（PCR）などの技術の発展により，微生物だけでなく高等生物を対象とした分子生物学が飛躍的に発展した．

　分子生物学の名著に"Molecular Biology of the Gene"がある．これは Watson の執筆により分子生物学の発展初期の 1965 年に初版が発行され，その後多くの著者が参加し，2013 年には第 7 版が出版されている〔邦訳："ワトソン遺伝子の分子生物学"（第 7 版，東京電機大学出版局，2017 年）〕．大学高学年や大学院生にとっては非常に優れた教科書といえるが，その内容・情報量は非常に多く，初学者が学ぶにはかなり難しい．そこで，分子生物学の基礎を学ぶ大学 1，2 年向けに本書を企画した．

　本書では，分子遺伝学の礎となったメンデルの遺伝学，そしてセントラルドグマの確立までの歴史について第 1 章で概説した．第 2 章と第 3 章では分子生物学を理解するうえでの基本となる，核酸の構造，真核生物のクロマチンの構造を，そして第 4 章ではゲノムの構成について解説した．セントラルドグマについては，DNA の複製を第 5 章で，転写を第 8 章で，そして翻訳を第 9 章で扱った．さらにその発展として，DNA の変異と修復（第 6 章），遺伝的組換え（第 7 章），遺伝子発現の調節（第 10 章）を加えた．

　本書の特徴として，膨大な分子生物学の内容を体系的に学べるよう，各章のはじめ

に概要と行動目標を示した．さらに，知識を定着させ，理解を深めるために，各章末にいくつかの問題を用意した．なお，学生が予習・復習に用いることができるように，講義ビデオを提供している．教科書の内容を動画で自習し，講義では関連する問題を解く，あるいは討論するなどのアクティブラーニング（反転授業）にも活用できる．本書の内容は先ほど述べたように初学者を対象としており，各自が興味をもった領域について，さらに詳しく深く学びたいと思うようなきっかけを本書が与えることができれば幸いである．

　最後に，本書の刊行にあたり，多大なご尽力をいただいた東京化学同人の平田悠美子氏，高橋悠佳氏に心よりお礼を申し上げたい．また，わかりやすい図の作成をして下さったことにも感謝の意を表したい．そして，執筆者の方々，出版に関わって下さった多くの方々にも感謝する．

　　2020 年 8 月

編集者を代表して

田　中　弘　文

本書付属の講義動画は東京化学同人ホームページ（http://www.tkd-pbl.com/）より閲覧できます．閲覧方法については次々ページをご覧ください．講義動画のダウンロードは購入者本人に限ります．

編　集　者

田 中 弘 文　東京薬科大学生命科学部 教授, 歯学博士
井 上 英 史　東京薬科大学生命科学部 教授, 薬学博士

執　筆　者

伊 藤 昭 博　東京薬科大学生命科学部 教授, 博士 (薬学)
　　　　　　　　　　　　　　　　　〔第 3 章, §10・2・4, §10・2・5〕

髙 妻 篤 史　東京薬科大学生命科学部 助教, 博士 (農学)〔§10・1〕

田 中 弘 文　東京薬科大学生命科学部 教授, 歯学博士
　　　　　　　　　　　　　　　　　〔第 2 章, §6・2・2, §9・6, §9・7〕

田 中 正 人　東京薬科大学生命科学部 教授, 博士 (医学)
　　　　　　　　　　　　　　　　　〔§8・4, §10・2・1〜10・2・3〕

都 筑 幹 夫　東京薬科大学名誉教授, 理学博士〔第 1 章〕

冨 塚 一 磨　東京薬科大学生命科学部 教授, 博士 (生命科学)〔第 7 章〕

中 村 由 和　東京理科大学理工学部 准教授, 博士 (薬学)〔§10・3〕

橋 本 吉 民　東京薬科大学生命科学部 助教, 博士 (理学)〔§5・3〕

深 見 希代子　東京薬科大学名誉教授, 医学博士〔第 4 章, §5・1, §5・2〕

藤 原 祥 子　東京薬科大学生命科学部 教授, 理学博士〔§8・1〜8・3〕

松 下 暢 子　麻布大学生命環境科学部 教授, 博士 (医学)〔§6・1, §6・2・1〕

横 堀 伸 一　東京薬科大学生命科学部 准教授, 博士 (理学)〔§9・1〜9・5〕

渡 邉 一 哉　東京薬科大学生命科学部 教授, 博士 (理学)〔§10・1〕

（五十音順, 〔　〕内は執筆担当箇所）

講義動画ダウンロードの手順・注意事項

[ダウンロードの手順]

　1) パソコンで東京化学同人のホームページにアクセスし，書名検索などにより“基礎講義分子生物学”の書籍ページを表示させる．

　2) 書籍ページよりダウンロードする講義動画を選ぶと，下の画面（Windows での一例）が表示されるので，ユーザー名およびパスワードを入力する．（本書購入者本人以外は使用できません．図書館での利用は館内での閲覧に限ります．）

ユーザー名・パスワード入力画面の例

ユーザー名：**MBLvideo**
パスワード：**tanino**

［保存］を選択すると，
ダウンロードが始まる．

※ ファイルは ZIP 形式で圧縮されています．解凍ソフトで解凍のうえ，ご利用ください．

[必要な動作環境]

　データのダウンロードおよび再生には，下記の動作環境が必要です．この動作環境を満たしていないパソコンでは正常にダウンロードおよび再生ができない場合がありますので，ご了承ください．

　OS：Microsoft Windows 7/8/8.1/10，Mac OS X 10.10/10.11/10.12/10.13/10.14
　　　　（日本語版サービスパックなどは最新版）
　推奨ブラウザ：Microsoft Edge，Microsoft Internet Explorer，Google Chrome，Safari など
　コンテンツ再生：Microsoft Windows Media Player 12，Quick Time Player 7 など

[データ利用上の注意]

・本データのダウンロードおよび再生に起因して使用者に直接または間接的障害が生じても株式会社東京化学同人はいかなる責任も負わず，一切の賠償などは行わないものとします．
・本データの全権利は権利者が保有しています．本データのいかなる部分についても，フォトコピー，データバンクへの取込みを含む一切の電子的，機械的複製および配布，送信を，書面による許可なしに行うことはできません．許可を求める場合は，東京化学同人（東京都文京区千石 3-36-7，info@tkd-pbl.com）にご連絡ください．

目　　次

分子遺伝学の礎　**1**

| 概要 | 子は親に似る．兄弟姉妹もどこか似ている．これは親の特徴が子に遺伝するからである．遺伝を担うのは遺伝子である．遺伝子はどこにどんな形で存在するのか，どのようにして親から子に伝えられるのか．遺伝子の概念を理解し，その実体と遺伝の仕組みが明らかになってきた科学の発展の流れを理解しよう． |

― 行動目標 ―
1. メンデルの法則を説明できる
2. 遺伝子の本体を説明できる
3. DNA 二重らせんの構造を説明できる
4. セントラルドグマを説明できる

1・1　メンデルの遺伝学

1・1・1　メンデルの法則

　親から子に特徴が遺伝するのはどのような仕組みなのか？ 背の高さや体の大きさなどは，親子で似ている場合もあるが，まったく異なる場合もある．生物の複雑な仕組みのなかで，本質を求めることに重点をおいて遺伝の仕組みを明らかにしたのが G. Mendel である．

　オーストリアの修道士であった Mendel は，エンドウを用いた交配実験で遺伝の現象を明らかにした．彼は，エンドウの種子の形（丸かしわか）や種皮の色，さやの形など，七つの性質（こうした表現型を**形質**という）に着目した（表 1・1）．エンドウの花は，同じ花の花粉を受粉（自家受粉）させたり，他の個体の花粉を受粉（交配，他家受粉）させたりして，人為的な受粉（人工授粉）によって次の世代をつくることができる．Mendel はまず，何代にもわたって同じ形質が現れる系統（これを純系という）をつくり出した．そして，種子の形の異なる純系どうしをかけ合わせて（交雑），次の世代（F₁）とその次の世代（F₂）の形質を調べたのである．その結果，種子が丸の個体としわの個体とをかけ合わせると，F₁ の種子はすべて丸というように，親のどちらか一方の形質だけが現れた（**優性の法則**，図 1・1）．

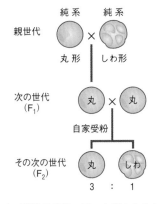

図 1・1　形質の発現　図の丸形のように F₁ で現れる形質を**優性**（顕性），しわ形のように現れない形質を**劣性**（潜性）という．

表 1・1　メンデルが解析したエンドウの対立形質

対立形質	優性	劣性	F₂の分布比
種子の形	丸	しわ	5474：1850 ＝ 3.0：1.0
子葉の色	黄	緑	6022：2001 ＝ 3.0：1.0
種皮の色	有色	無色	705：224 ＝ 3.2：1.0
熟したさや形	膨れ	くびれ	882：299 ＝ 3.0：1.0
熟したさやの色	緑	黄	428：152 ＝ 2.8：1.0
花のつく位置†	えき生	頂生	651：207 ＝ 3.1：1.0
茎の高さ	高い	低い	787：277 ＝ 2.8：1.0

†　茎の葉が出る位置に花がつくのがえき生，先端の位置につくのが頂生．

次に F_1 を自家受粉させると，F_2 の種子は丸が 5474 個，しわが 1850 個見いだされ，この結果から，丸としわがほぼ 3：1 の割合で現れると結論づけた（**分離の法則**）．F_1 の種子は丸のみであるにもかかわらず，F_2 にしわが現れたのである．このことは，最初のかけ合わせのときの片方の親にあったしわの形質が，F_1 では現れず F_2 で現れたということ，すなわち表現型には現れない何らかの因子が F_1 に存在することを示している．そして，エンドウの七つの形質が互いに影響を受けずに遺伝することも示した（**独立の法則**）．たとえば種子の形（丸かしわか）と子葉の色（黄か緑か）という二つの遺伝形質が独立の関係であれば，それぞれの表現型について F_2 では 3：1 となるはずで，二つの表現型を合わせると，丸で黄色，丸で緑色，しわで黄色，しわで緑色の個体の数の比率は，9：3：3：1 となる．

Mendel が研究成果を発表したころは，親の形質が混ざり合って遺伝するという考え方が強かった．彼は，この考え方を否定し，遺伝形質は一つ一つ独立に伝わる粒子であると主張したのである．こうして，今日**遺伝子**とよばれる概念がつくり出された．当時は，相同染色体は知られていなかったにもかかわらず，実験結果の解釈から，二つの対立する遺伝子によって遺伝現象が生じるというとらえ方にまで到達していた．

Mendel は，この結果を 1865 年に‘植物雑種に関する研究’と題して発表した．しかし当時の生物学の研究者には注目されず，彼が生きている間，埋もれたままの状態となってしまった．Mendel は当時の著名な植物学者からミヤマコウゾリナの種をもらい受け，それを用いて研究を続けようとしたが，この植物では明確な結果を出すことができず，遺伝の研究をそこで打ち切ったとされている．実は，ミヤマコウゾリナは雄性先熟（おしべが先に熟す）のため他家受粉の性質をもち，自家受粉による人工授粉が難しかったのである．Mendel の発表が当時の生物学者らにほとんど受入れられなかったのは，具体的な数を単純化して本質をとらえようとしたからであろう．こうした考え方は当時の生物学研究者にはほとんどなく，Mendel の専門が気象学という物理学の領域であったからかもしれない．実験で得られた数値をそのまま記載しようとするのか，それとも数値をわかりやすくして理解しようとするのか，見誤らずに本質に迫った Mendel の功績は大きい．しかし，その成果は，Mendel が 1884 年に亡くなってしばらくの間，忘れられたままになっていた．

1900 年になって，H. De Vries，C. Correns，E. von Tschermak の 3 人が，それぞれ独立に植物を用いて遺伝の研究を行い，Mendel と同じ結論に到達した．そこで Mendel の研究成果が見いだされ，**メンデルの法則**の再発見となった．

では，遺伝子とは具体的には何なのか，どこにあるのか，という疑問が出てくる．こうした疑問は大切である．また，メンデルの法則は基本原理であって，すべてがその通りになるわけではないということにも目を向けておきたい．生物の特徴ともいえる複雑さは，本質を見いだしたあと，次に重要なことを見いだすためにも，例外を見つけ整理することが大切である．

1・1・2　メンデルの法則に従わない表現形質

メンデルの法則は，遺伝の最も基本的な仕組みである．しかし，生物は複雑で多様である．当然，メンデルの法則に従わない表現型も多数ある．キンギョソウの花

は，赤色と白色の系統があるが，かけ合わせると F$_1$ は桃色の花となる．赤色と白色はどちらも優性でなく，**不完全優性**とよばれる．二つ以上の遺伝子が補足し合う場合や，対立遺伝子が複数の場合もある．また，ヒトの ABO 型血液型は，A，B，O の三つの遺伝子で決定され，これを**複対立遺伝子**とよぶ．マウスの毛の色を決定する遺伝子やネコの尾の長さを決定する遺伝子などは，二つの対立遺伝子のうちの劣性の遺伝子がホモとなったとき，生存できなくなる致死遺伝子である．血友病は男性に現れやすい病気で，**伴性遺伝**である（§1・1・3 参照）．このようにメンデルの優性の法則や分離の法則では説明できない遺伝形質も多い．

　さらにまた，メンデルの独立の法則，すなわち，複数の遺伝子が独立に挙動するという結論も，成り立たないことが多い．1905 年，W. Bateson と R. Punnett は，スイートピーの花の色と花粉の形が偏った分布になる結果を示した．紫花と長花粉をもつ系統と，赤花と丸花粉をもつ系統とをかけ合わせたところ，F$_2$ の個体群で，紫花で長花粉の個体が圧倒的に多く，ごくわずかに紫花で丸花粉，赤花で長花粉，赤花で丸花粉が現れた．前述したように，花色と花粉の形が独立しているのであれば，9：3：3：1 になるはずである．また，もし花色と花粉の形の遺伝的な挙動が完全に同じ（**連鎖**しているという）であれば，紫花で丸花粉や，赤花で長花粉が現れることはないはずである．したがって，これらの表現型がみられたことは，この二つの遺伝子は連鎖しているが，ごくわずかに組換えが起こっていることを示している．しかし，染色体は 1842 年に C. Nageli によって発見されていたにもかかわらず，Mendel の研究とは結びつかなかった．1902 年になって T. Boveri と W. Sutton が，**染色体**は遺伝形質を運ぶものであり，遺伝子は染色体上に並んでいると説明した（**染色体説**）．細胞には相同染色体があり，細胞分裂の際に染色体が複製される．生殖細胞がつくられる減数分裂では，相同染色体が複製された後，2 回の分裂で，相同染色体の一方が一つの配偶子（卵や精子）に取込まれる．減数分裂において，染色体が重なり合う現象（**交差**，図 1・2）が生じ，染色体の乗換えが生じることがある．それにより，連鎖しているはずの二つの遺伝子の組合わせが変わる組換えが起こるのである．

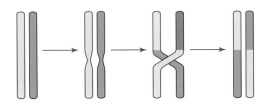

図 1・2　染色体の交差の模式図

1・1・3　染色体地図

　染色体に遺伝子が存在するとなると，染色体上に存在する複数の遺伝子はどのように並んでいるのだろうか．§1・1・2 のスイートピーの花の色と花粉の形の関係にあったように，二つの遺伝子が連鎖して遺伝し，少数ではあるが連鎖で説明できない個体が出現する場合がある．これは，同一の染色体上に二つの遺伝子が存在

し，減数分裂の際に起こる交差によって遺伝子の組換えが起こるからである．この割合は**組換え価**で示される．すなわち，連鎖している遺伝子の組換え価から，染色体上の遺伝子間の相対的な距離を求めることができる．

$$組換え価（\%）= \frac{組換えが起こった配偶子数}{検定交雑で得られた全配偶子数} \times 100$$

なお，二つの遺伝子が独立している場合はそれぞれの遺伝子をもつ個体数の割合は 50％となり，連鎖している場合は 50％より小さくなる．連鎖している形質を表す遺伝子を順番に並べることにより，染色体地図がつくられる．

*1　より正確にはキイロショウジョウバエ (*Drosophila mera-nogaster*)

T.H. Morgan は，ショウジョウバエ*1 の眼の突然変異体（白眼，野生個体は赤眼）を用いて，交雑実験を行った．その結果，連鎖しているにもかかわらず，染色体の交差によって組換えが起こる（この場合は組換え価 17％）ことを見いだした．さらに，ショウジョウバエでは連鎖群が四つあること（染色体 4 対に相当），組換え価を並べることによって遺伝子の位置関係を直線的に示せることを明らかにした（図 1・3）．そして，翅の形や体色などの表現型をもとに，遺伝子間の相対的な位置関係を示し，ショウジョウバエの 4 対の染色体上にある遺伝子の位置が明らかになったのである*2（1920 年代）．

*2　染色体の詳細な構造は第 3 章で学ぶ．

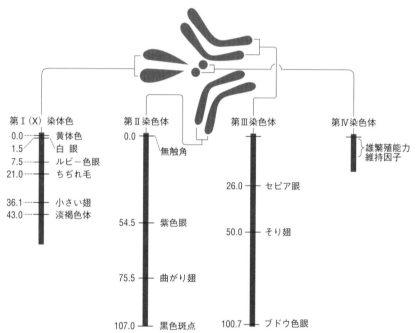

図 1・3　キイロショウジョウバエの染色体地図［D.M. Prescot（1991）をもとに作成］

ヒトの染色体数は 46 本（図 1・4a）であり，そのうちの 2 本が性染色体である．図 1・4（b）に，一例として第 17 染色体の遺伝子地図の概要を示す．ヒトの染色体地図作成にあたっては，その他さまざまな技術が用いられてきた．現在では，ヒトの全ゲノム塩基配列が明らかになっており，正確な染色体地図が作成されている．

　なお，性染色体はX染色体とY染色体からなり，男性はXY，女性はXXをもつ．そのため，性染色体上に存在する遺伝子は，性によって発現のしやすさが異なり，**伴性遺伝**として問題となる．かつてロシア皇帝の家系に血友病の遺伝子の保因者・発症者が現れたことはその例として知られている．

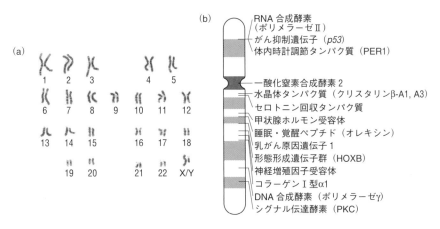

図 1・4　ヒトの相同染色体(a)と第17染色体の染色体地図(b)　他の染色体地図についても，国立遺伝学研究所などで配信されている資料をインターネットで検索することができる．

1・2　遺伝子本体の解明

　遺伝子とはどのようなものか，より具体的に理解するために，分子の視点でとらえてみよう．遺伝子の本体である**DNA**は，Mendelによる発見がまだほとんど認められていないころ，まったく別の視点から研究されていた．1869年にF. Miescher（ミーシェル）は，白血球の核（ガーゼについた膿）やサケの精子からヌクレインと名づけられた物質（現在のDNA）を抽出し，その化学成分が，炭素，水素，酸素のほかにリンと窒素を含むことを見いだした（硫黄を含まないことに注意）．しかし，ヌクレインの機能は不明であった．その後，A. Kossel（コッセル）は，ヌクレインがアデニン（A），グアニン（G），シトシン（C），チミン（T），ウラシル（U）といった塩基を含むことを示した．その後，このヌクレインは**核酸**と名づけられた（1889年）．P. Levene（レヴィーン）が五炭糖（ペントース）のリボースとデオキシリボースが含まれることを発見し，糖とリン酸と塩基からなるヌクレオチドを明らかにした（1929年）．さらに，A. Todd（トッド）は，リボースやデオキシリボースを含むさまざまなヌクレオチドを合成し，その性質を明らかにした（1949年）．

　一方，このころ，生物の遺伝に対する理解は，親から子へ形質が伝達するという流れだけでなく，遺伝子の変異や細胞の性質など，微生物における遺伝情報として理解されるようになった．G.W. Beadle（ビードル）は，アカパンカビにX線を照射して栄養要求の突然変異体をつくった．得られた複数のアルギニン要求変異株を調べ，オルニチンを加えると生育できるもの（*arg*A），オルニチンでは育たないがシトルリンを加えると生育できるもの（*arg*B），アルギニンを加えなければ生育できないもの（*arg*C）の三つに分けられることを明らかにした．すなわち，

$$\text{前駆物質} \xrightarrow{\textit{argA}} \text{オルニチン} \xrightarrow{\textit{argB}} \text{シトルリン} \xrightarrow{\textit{argC}} \text{アルギニン}$$

の代謝経路があり，そこに関係する酵素が，一つ一つの遺伝子で決められていて，それが変異したと説明した．この結果から，Beadle と E. L. Tatum は，**一遺伝子一酵素説**を立てた（1941 年）．表現形質の遺伝というとらえ方だけでなく，代謝酵素の遺伝というとらえ方に理解が広がったといえよう．

また一方，1928 年，F. Griffith は，肺炎双球菌にはマウスの病気をひき起こす（病原性の）S 型菌と，ひき起こさない（非病原性の）R 型菌が存在することに着目した．S 型菌をマウスに注射すると肺炎をひき起こすが，R 型菌は注射してもひき起こさない．S 型菌も煮沸してしまえば死滅し，病原性を失う．しかし，その煮沸した S 型菌を，病原性のないはずの R 型菌と混ぜてからマウスに注射すると，肺炎をひき起こしたのである（図 1・5）．すなわち，S 型菌のもつ何らかの物質が R 型菌に入り，これまで病原性のなかった R 型菌が病原性を獲得したのである．その物質こそ，病気をひき起こす遺伝子ということになる．Griffith は，これを**形質転換因子**とよんだ．この物質は何か，が次の重要な問題である．

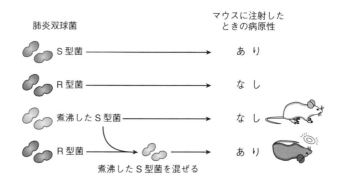

図 1・5　Griffith の実験と形質転換

1944 年，O. T. Avery らは，この（肺炎双球菌の病原性をひき起こす）形質転換因子を抽出した．遠心後の上清にタンパク質分解酵素や RNA 分解酵素を加えて処理した後，R 型菌と混ぜると，形質転換（すなわち病原性）はひき起こされた．しかし，DNA 分解酵素で処理すると，形質転換が起こらなかったのである．どうやら，形質転換をひき起こす遺伝子の本体が DNA である可能性がみえてきた．

さらに，1952 年，A. Hershey と M. Chase は，大腸菌に感染する T2 ファージを用い，感染するときに大腸菌に入る物質が DNA かタンパク質かを調べた．DNA はリンを含み，タンパク質は硫黄を含むが，互いに他方の元素を含まない．また，質量数 32 のリン（^{32}P）と質量数 35 の硫黄（^{35}S）は放射性で，通常の ^{31}P や ^{32}S とは区別する技術が開発されていた．そこで，DNA とタンパク質をそれぞれの放射性元素で標識した T2 ファージを大腸菌に感染させた．すると，^{32}P は大腸菌に入ったのに対し，^{35}S は取込まれなかった．このことから，T2 ファージから大腸菌に入ったものは DNA であることが明らかになった．すなわち，遺伝子の本体は DNA と結論されたのである．

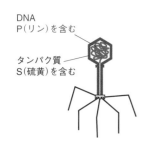

DNA
P（リン）を含む

タンパク質
S（硫黄）を含む

1・3　DNA 二重らせんの発見

　遺伝子の本体が DNA であることがわかると，次は DNA の構造の理解である．生物学の手法だけでなく，化学や物理学の知識や手法が合わされなければ解決することのできない課題である．

　E. Chargaff は DNA の加水分解物を分離，定量した．DNA には，アデニン，グアニン，シトシン，チミンの四つの塩基が存在するが，その存在量は，生物によって大きく異なる．しかし，Chargaff は，どの生物でも，アデニンとチミン，グアニンとシトシンの量がそれぞれ等しいことを見いだした（1950 年）．すなわち，アデニンとチミン，グアニンとシトシンには何か関係があることを意味している．

　一方，英国のキャベンディッシュ研究所では，M. Wilkins がよく精製された DNA 繊維の試料を入手し，R. Franklin がその X 線回折像を撮影した．その写真を見た J.D. Watson と F. Crick は，DNA がらせん構造をとっていることを確信し，1953 年，DNA が**二重らせん**の構造をもち，らせんの内側でアデニンとチミン，グアニンとシトシンが水素結合でつながっているとするモデルを発表した（第 2 章参照）．物理学者であった Crick は，DNA 繊維の X 線回折像から DNA がらせん構造をとっていることを理解し，生物学者であった Watson は，遺伝に関する生物学の知識を十分にもっていたことで二重らせんのモデルを提案できたのである．X 線回折像を撮影した Franklin，それを導いた Wilkins らの論文は，科学誌 *Nature* の同じ号に 3 報続けて掲載されている．この成果が遺伝子本体の構造として確かなものとなり，分子生物学の幕開けとなった．

1・4　核酸による遺伝情報の伝達──セントラルドグマ

　遺伝子の本体である DNA の構造が明らかになると，次は具体的な遺伝の仕組みを理解する段階になる．遺伝情報は，親から子へ継承されるものであり，また，その遺伝情報は親や子の生物個体で発現されるものでもある．二重らせんのモデルから，この二つの過程はどのような仕組みになっているのか，研究が進められた．

　1957 年，M. Meselson と F. W. Stahl は，大腸菌を用いて DNA の**半保存的複製**を示した．まず，質量数の大きな安定同位体* ^{15}N を含む塩化アンモニウムを培養液に入れて大腸菌を培養し，大腸菌の DNA 中の N をすべて ^{15}N に置き換えた．普通に存在する窒素は ^{14}N で，質量の差で区別することができる．そこで次に，^{14}N を含む培養液に換えて大腸菌を培養し，細胞分裂によって DNA が複製されるとき，その複製にどのような規則性があるのかを ^{15}N と平衡密度勾配遠心法という技術を用いて調べた．この技術では，大腸菌から抽出した DNA を塩化セシウム溶液中で超遠心分離することによって，わずかな重さの差（ここでは ^{15}N を含む程度）を区別することができる（図 5・1 参照）．その結果，DNA は二重らせんの一本ずつが鋳型となって新しい鎖がつくられるという形で複製されていることが示された．

　一方，A. Kornberg は，ヌクレオチドどうしを結合して DNA を合成する際に働く酵素 **DNA ポリメラーゼ**を発見した（1956 年）．DNA ポリメラーゼによる DNA の合成は 5′ から 3′ の方向に行われる．DNA の二重らせんの鎖（親鎖）が分離する

*　窒素 N の放射性同位体も存在するが短寿命のため，安定同位体の ^{15}N がよく用いられる．

半保存的複製

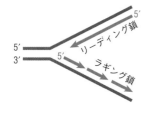

と，一方の親鎖からは，これに相補的な新しい娘鎖（リーディング鎖）が 5′ から 3′ の方向に連続的に合成される．もう一方の親鎖からは，鎖の向きが逆方向のため，相補的な娘鎖（ラギング鎖）の伸長を連続的に行うことができない．ラギング鎖側では，親 DNA の二重らせんの分離が進むごとに短い鎖が断片的につくられていく．このように，ラギング鎖の合成は不連続的な複製となることを岡崎令治が示した（1968 年）．まず，親 DNA を鋳型に，RNA の短鎖が合成され（プライマー），これに続けて DNA 鎖が合成される．この DNA 鎖断片は岡崎フラグメントとよばれている．そして次のラギング鎖が伸長してくると，RNA プライマーは DNA の鎖に置き換えられ，岡崎フラグメントが連結されるのである．DNA の複製過程の詳細は，第 5 章で説明する．

では，生物個体での遺伝子発現の仕組みはどうなっているのであろうか．タンパク質合成で重要な役割をもつ RNA は，糖がリボースである．しかし，RNA は，DNA に比べて不安定であったり，細胞内分布や分子の大きさが多様であったりして複雑である．T. Caspersson と J. Schulz は，RNA が核小体に存在することを明らかにし（1940 年），その後，タンパク質合成の盛んなときに核小体が大きいことを指摘した．また，J. Brachet は，RNA が細胞質にもあることを見いだした（1941年）．細胞質の RNA 含有粒子はタンパク質に富むことも明らかになった．この RNA-タンパク質粒子が，現在リボソームとよばれているタンパク質合成の場である．1950 年代後半には，放射性同位元素 ^{35}S を含むアミノ酸をラットに注射すると，その後しばらくの間，ほとんどのアミノ酸がリボソームに取込まれることも明らかになった．このように，タンパク質合成にリボソームや RNA が関与することなどが明らかになってきたが，一方，RNA のなかには不安定なものもあるため，確実な結果が得られるまで，いくつもの研究室で研究報告が出され議論された．そのうちの一つとして，1956 年に E. Volkin と L. Astrachan は，短い寿命の RNA ができることを ^{32}P を使って示した．それを受けて，F. Jacob と J. Monod（のちに，細菌では遺伝子がまとまって転写されるというオペロン説で知られる，第 10 章参照）は，DNA-like-RNA という DNA によく似た塩基配列の短寿命の RNA が存在することを報告した．こうした報告や議論を踏まえて，Crick は，1958 年の講演のなかで，タンパク質合成の仮説を立て，DNA から RNA に遺伝情報が伝えられ，それをもとにタンパク質が合成される遺伝子発現のモデルを提案した（図 1・6）．1960 年には A. Weiss と J. Hurwitz が別々に RNA ポリメラーゼを発見し，また，伝令 RNA（mRNA）の存在（第 8 章）やリボソームとの結合，転移 RNA（tRNA）の塩基配列の決定による tRNA のクローバーリーフ構造も明らかになった．さらには，三つの塩基が一つのアミノ酸に対応するという考えが唱えられ，M.W. Nirenberg は，合成ポリ（U）［ウリジル酸］を試験管内タンパク質合成系で反応させると，フェニルアラニンのみのポリペプチドが生じることを示した．同様の手法で次々に遺伝暗号（コドン）の解読が進み，1968 年までに暗号表が完成した（第 9 章）．こうして，Crick の仮説を支持する結果が次々と報告され，タンパク質合成の仕組みが明らかになった．

DNA が複製される過程と DNA の遺伝情報をもとにタンパク質がつくられる過程は，**セントラルドグマ**（中心命題）とよばれている．なお，ある種のウイルスに

は，RNA の情報が DNA に変換される，すなわち転写の逆方向に関わる酵素（**逆転写酵素**）が存在する．mRNA から逆転写によってつくられた DNA は，相補的 DNA（cDNA）として遺伝子解析に用いられている．その後，ヒトのゲノムにも逆転写酵素遺伝子が見いだされている（§5・3・5a 参照）.

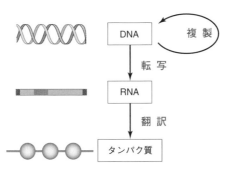

図 1・6　セントラルドグマ

ここまで，遺伝現象を分子のレベルで理解してきた経緯を紹介した．図1・7にその歴史をまとめた．セントラルドグマの仕組みが明らかになると，次は，遺伝子はいつどの程度発現するのか，多細胞生物であれば個体のどの部分で発現するのかなどの発現調節の理解へさらに深く進んでいく（第 10 章）.

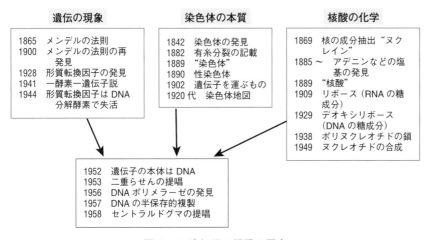

図 1・7　遺伝子の解明の歴史

このように遺伝現象を分子のレベルで理解し，探究していく学問が分子遺伝学である．分子遺伝学は，生物がどのように生きているのかを知る基本知識となるのはもちろんであるが，がんなどのヒトの病気の解明やその治療法の開発，食糧となる植物の改良，あるいは微生物利用などさまざまな応用技術のもととなる．古典的な"生物学"の世界から，広い学問分野となった"生命科学"のなかで，きわめて重要な領域なのである.

こうした研究成果の背景に，超遠心機や電子顕微鏡，クロマトグラフィーなどの発明とその利用技術，放射性同位元素の分離・利用技術や，情報科学の技術など，

　　　　　一見生物学とはまったく異なると思われる分野の機械や技術も，生命科学の探究に重要な関わりがあることを忘れてはならない．

■ 章 末 問 題

1・1　遺伝子とは何か，どのようにして理解されるようになったのか，説明せよ．

1・2　遺伝子の本体がDNAであることはどのようにして明らかになったか．発見の歴史を簡潔に説明せよ．

1・3　遺伝子の解明の歴史をみると，生物学，化学，物理学という，自然科学の三つの領域が重要な役割を担ってきたことがわかる．"どの点は特にどの領域が基礎となっている"というとらえ方で，具体的に説明せよ．

核 酸 の 構 造　**2**

概要　遺伝情報の担い手は核酸である. 核酸は, 5種の核酸塩基（アデニン, グアニン, シトシン, ウラシル, チミン）, 2種のペントース（リボースまたはデオキシリボース）とリン酸が結合したヌクレオチドが連なった鎖でできている. ペントース部分がリボースであるものを RNA（リボ核酸）, デオキシリボースであるものを DNA（デオキシリボ核酸）とよぶ. DNA は, 通常2本のポリヌクレオチド鎖が塩基どうしの水素結合により対合（塩基対）し, 二重らせんを形成している. 塩基対は相補的に形成され, アデニンにはチミン, グアニンにはシトシンが対合する（ワトソン・クリック塩基対）. こうしたことが DNA が遺伝情報の担い手として機能するうえでの重要な特性である. DNA は基本的に B 型とよばれる構造をとるが, A 型, Z 型の構造をとることもある. 細胞内の DNA はよじれてスーパーコイルを形成しており, その度合いを変化させるトポイソメラーゼは, DNA が複製や転写を行う際に生じる位相幾何学的な問題を解消している. RNA は一本のポリヌクレオチド鎖からなるが, 分子内で塩基対を形成して部分的に二本鎖構造をとることにより, 非常に複雑な構造となる. またワトソン・クリック型ではない塩基対を形成することもある. その結果, RNA は多彩な機能をもち, 酵素として働くものさえある.

行動目標

1. DNA の二重らせん構造について説明でき, 塩基対の構造を描くことができる
2. B, A, Z 型 DNA について説明でき, B 型 DNA については各種パラメーターの値を示すことができる
3. 核酸を安定化する力を三つあげ, 説明できる
4. DNA の変性, 濃色効果, 融解温度, 融解温度に影響を及ぼす因子について説明できる
5. 超らせんとは何か説明できる
6. リンキング数, ツイスト数, ライジング数ならびにその関係について説明でき, ねじれを入れたときなどの各値を計算できる
7. 細胞内で DNA はなぜ負の超らせんをもつのか, その意義を説明できる
8. トポイソメラーゼの種類をあげ, それぞれどのように DNA の超らせん度を変えるか説明できる
9. トポイソメラーゼの細胞内での役割について説明できる
10. RNA の構造の特徴について説明できる
11. リボザイムとは何か, 例をあげて説明できる

2・1　DNA の 構 造

　DNA の構成成分, 基本的な構造とほかにとりうる構造, そして二本鎖の解離（変性）と再結合についてみていこう.

2・1・1　核酸はヌクレオチドの重合体

　核酸（nucleic acid）は, 核酸塩基, ペントース（五炭糖）とリン酸から構成されている.

　核酸塩基には, 芳香族複素環化合物のプリン誘導体である**アデニン（A）, グアニン（G）**と, ピリミジン誘導体である**シトシン（C）, ウラシル（U）, チミン（T）**があり, いずれも平面的な構造をもつ（図2・1a）. このうちウラシルは RNA の, チミンは DNA の構成要素である.

　核酸を構成する糖はペントースであり, RNA では**リボース**（正確には β-D-リボース）, DNA では**デオキシリボース**（β-D-2-デオキシリボース）が使われている.

　プリン塩基の9位の N 原子あるいはピリミジン塩基の1位の N 原子が糖の1位

RNA: ribonucleic acid
DNA: deoxyribonucleic acid

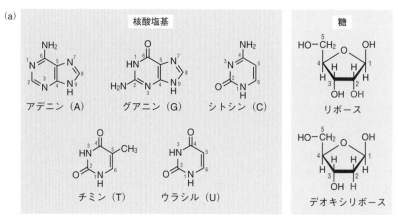

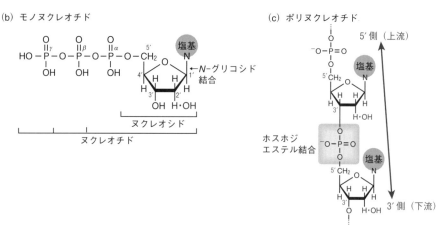

図 2・1　DNA を構成する化合物の構造

のC原子と結合（塩基の水素と糖のヒドロキシ基の脱水反応）したものを，**ヌク**
レオシドという（図2・1b）．この塩基と糖の結合を *N*−グリコシド結合とよぶ．
なお，糖がリボースの場合はリボヌクレオシド，糖がデオキシリボースの場合はデ
オキシリボヌクレオシドとよぶ．ヌクレオシドの糖にリン酸基が1個以上付加した
ものを**ヌクレオチド**という．リン酸基が5′に複数連なってつく場合には，それぞ
れのリン酸基を5′炭素に近い方から α, β, γ 位のリン酸基とよぶ．
　核酸は，ヌクレオチド（ヌクレオシド一リン酸）が基本単位となり，それが連
なった構造をしている．ヌクレオチドの3′−OH基と次のヌクレオチドの5′−リン
酸基がホスホジエステル結合を形成し，これが繰返されることで次々とヌクレオチ
ドが連結した鎖構造（ポリヌクレオチド鎖）をとっている（図2・1c）．ホスホジ
エステル結合とは，一つのリン酸基が二つの糖と結合したものである．このように
核酸の基本構造は，リン酸，糖，リン酸，糖，リン酸，糖…という繰返しの直鎖構
造が骨格（主鎖）として存在し，それぞれの糖に *N*−グリコシド結合でいずれかの
塩基が結合している．この骨格には方向性があり，個々の糖の5′炭素と3′炭素が
ある側を，それぞれ5′方向，3′方向という．また，それぞれの末端を5′末端，3′
末端とよぶ．

2・1・2　DNA 二重らせんの基本構造

DNA の立体構造は，1953 年，James Watson と Francis Crick により提唱され，その後の研究で細かい修正はなされたが，全体的には正しいことがわかっている．ワトソン・クリックのモデル（図 2・2a）のおもな点は，次のとおりである．

1) 2 本のポリヌクレオチド鎖が一つの共通軸の周りに右巻きに巻きついた二重らせん構造をとっている．
2) 2 本の鎖の方向は，互いに逆向きである．
3) 各塩基は，主鎖が形成するらせんの内側を向き，もう一方の鎖の塩基と水素結合で結びついて平らな塩基対を形成している．

なお，塩基対は A と T の間（水素結合 2 本）か，G と C の間（水素結合 3 本）に限られており，この相補的な塩基対を**ワトソン・クリック塩基対**（図 2・2b）という．このように相補的塩基対を形成することから，DNA の一方の鎖の塩基が決まれば，他方の鎖の塩基も決まる．すなわち，一方の鎖を鋳型として他方の鎖を合成することができ，このことが遺伝情報が複製される分子的な基盤となっている．

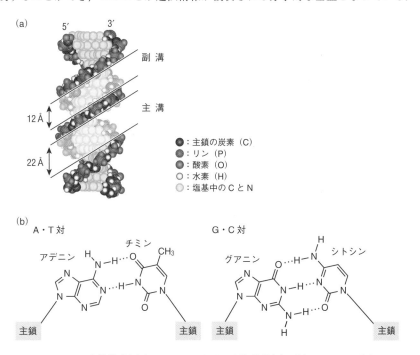

図 2・2　DNA の立体構造(a)とワトソン・クリック塩基対(b)　(a) DNA の二重らせんの間隔は均等ではなく，主溝と副溝がある．(b) アデニンとチミン，グアニンとシトシンがそれぞれ水素結合により塩基対を形成している．

各塩基対はほぼ平面をなしてらせん軸に対してほぼ垂直に配置しており，これがらせん軸方向に積み重なっている．積み重なった塩基対の間は非常に狭く，通常は他の分子が入り込む余地はない．また，2 種類の塩基対は幾何学的にぴったりと同じ位置関係をもっており，塩基対が AT 対，TA 対，GC 対，CG 対のいずれであっても，これらが結合している二つの糖の間の距離は等しく，主鎖は乱れなく一定のらせんを描く．

二重らせんの表面には二つの溝があり，幅の広い溝を**主溝**，幅の狭い溝を**副溝**と

よぶ．主溝と副溝には各塩基対の端が姿をのぞかせており，水素結合の供与基，受容基，疎水性相互作用に関わる部位が特有の順序で配置されるので，溝の外側から塩基対の種類を識別することができる．DNAの特異的な塩基配列を認識して結合し転写などを制御するタンパク質が数多く知られているが（第8章参照），その多くは二重らせんを解離することなく，側鎖のアミノ酸残基がDNAの主溝側からアプローチ溝の底にある塩基対を識別して結合する．

　通常，各塩基は塩基対をつくり二重らせんの内側を向いているが，ときおり個々の塩基が二重らせんから外に突き出ることがある（塩基はじき出しという）．損傷した塩基を取除く酵素（§6・1・3参照）や，塩基をメチル化する酵素（§10・2・4参照）などは，この突き出した塩基に作用するようである．また，相同組換えやDNA修復に関わる酵素の一部は，DNAを走査する際に，塩基を次々に外へ突き出させて相同性や損傷の有無を調べている．

2・1・3　DNA の三つのコンホメーション

　X線結晶構造解析から，DNAは**A型**，**B型**，**Z型**の三つのコンホメーションをとることがわかっており，その特徴は以下のとおりである．

a. B型DNA　　B型DNAは，DNAの濃縮溶液から取出したDNA繊維を高い湿度下で結晶化した際に得られるものであり，次の特徴をもつ（図2・3a）．

① 逆平行の2本の鎖が共通のらせん軸の周りに右巻きに巻きつき，直径は約20 Å（2 nm）である．

② 塩基対は平面状で，らせん軸に対してほぼ垂直に積み重なる．

③ 塩基対はらせんの中心部を占め，その周りを糖−リン酸骨格が取巻き，主溝と副

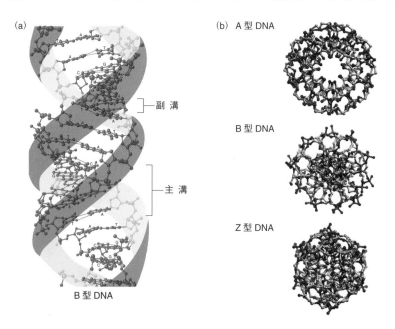

図2・3　DNAの三つのコンホメーション　（a）らせん軸を真横から見る．分子表面に巻きつく糖−リン酸骨格を灰色で，中心部の塩基を赤色で示す．（b）らせん軸方向から見た図〔（a）D. Voet, J.G. Voet, C.W. Pratt, "Fundamentals of Biochemistry —— Life at the Molecular level", fig. 24-2をもとに作成．（b）PDB 1ANA，1BNA，2DCGに基づく〕

溝を形成する.

④ らせん1回転は10塩基対からなり（塩基対当たりのらせんの回転は36°），らせん1巻きのピッチは34 Å（塩基対当たりの厚さは3.4 Å）である.

　B型は，生理的条件下での標準的な構造に比較的よく対応しているが，実際に細胞内に存在するDNAの構造とは少し異なっている．溶液中のDNAは，らせん1回転が10.5塩基対であり，B型よりも少しねじれが緩い．また，B型は平均的な構造であり，実際のDNAのらせん構造は完全に規則的ではなく，塩基対ごとに構造の細部に違いが現れる．たとえば1塩基対当たりのらせんの回転は26°〜43°の範囲で変動する．さらに，各塩基対をつくる二つの塩基は，常に同一平面にあるのではなく，塩基対の長軸方向から見て互いに反対側に傾いたプロペラのような構造をとる（図2・4）.

ワトソン・クリックモデル　　　プロペラ状の傾きをもった構造

図 2・4　塩基対間のプロペラ状の傾き

　b. A 型 DNA　　A型は低湿度のもとで観察された構造である．らせんはB型と同じく右巻きであるが，やや太く，11.6塩基対で1回転し，らせん1巻きのピッチは34 Åである．塩基対はらせん軸の垂直面から約20°傾いている．らせん軸は塩基対を通らず，中央は空洞になっており（図2・3b），主溝はB型に比べて狭く非常に深く，副溝は広くて浅い．細胞内では，DNA結合タンパク質と複合体になるとA型になる場合がある.

　c. Z 型 DNA　　1979 年，Andrew Wang と Alexander Rich は，自己相補的な d(CGCGCG) 配列がワトソン・クリックモデルとは異なる左巻きの二重らせん構造をとることを見いだし，糖・リン酸骨格がジグザグしていたのでZ型と名づけた．初めて原子レベルで同定された構造が左巻きであったことは非常に大きな驚きをもたらした．Crick も自分たちが発見したのは二重らせん構造であり，右巻きか左巻きかはDNAのトポロジーやX線回折からは区別がつかないことを表明した．しかし，Z型発見の翌年，Richard Dickson らは自己相補的な d(CGCGAATTCGCG) の単結晶から構造を解明した．彼らの原子レベルでの結晶構造は，糖のコンホメーションや塩基対のねじれなどの局所的なコンホメーションは塩基配列に依存して多様であるが，基本的にはワトソン・クリックモデルどおりに右巻きであることを見いだした．すなわち，DNAには右巻きと左巻きの両方があることが確定した.

　Z型DNAは細く，12塩基対で1回転し，らせん1巻きのピッチは44 Å，B型に比べて副溝は狭く深いが，主溝はほとんどわからないほど浅い.

プリン残基とピリミジン残基（特にCとG）が交互に繰返すDNAは，右巻きにも左巻きにもなれるが，塩濃度が高いと左巻きのZ型になる．DNA二本鎖間の至近リン酸基どうしの距離は，B型では12 Åであるのに対し，Z型では8 Åと短く陰イオン間の反発が強いため，B型の方が安定である．しかし，負に帯電したリン酸基を遮蔽する陽イオンが溶液中に高濃度に存在すると，静電的反発が軽減されてB型よりもZ型の方が相対的な安定性が増す．また，後述する負のスーパーコイルができるような力が働くとZ型になりやすい．

表 2・1 A, B, Z型DNAの構造の違い

	A 型	B 型	Z 型
全体の形	太く短い	細長い	伸びて細い
らせんの直径	約26 Å	約20 Å	約18 Å
らせんの巻き方向	右巻き	右巻き	左巻き
らせん1巻当たりの塩基対数	11.6塩基対	10塩基対	12塩基対
塩基対ごとの平均回転角度	31°	36°	-9° (Py → Pu) -51° (Pu → Py)
らせん1巻のピッチ	34 Å	34 Å	44 Å
らせん軸に対する塩基の傾き	20°	6°	7°
塩基対のプロペラ状の傾きの平均値	18°	16°	ほぼ0°
らせん軸の通る部分	主 溝	塩基対	副 溝
主溝の形	狭く深い	広く深い	平たい
副溝の形	広く浅い	狭くやや深い	狭く深い
N-グリコシド結合のコンホメーション[†]	アンチ	アンチ	Pu はシン Py はアンチ
糖環のパッカリング[†]	C3′-エンド	C2′-エンド	Pu は C3′-エンド Py は C2′-エンド

[†] Pu はプリンヌクレオチド，Py はピリミジンヌクレオチドの略

d. A, B, Z型DNAの違い   A, B, Z型DNAの構造を比較したものを表2・1にまとめて示す．

右巻きのB型DNAと左巻きのZ型DNAとではN-グリコシド結合のコンホメーションに違いがある．塩基とデオキシリボースのC1′位をつなぐN-グリコシド結合は，シン(syn)とアンチ($anti$)という二つの型のどちらかをとる（図2・5a）．右巻きDNAでは，N-グリコシド結合は常にアンチ型である．Z型DNAのN-グリコシド結合は，プリン残基のところではシン型，ピリミジン残基のところではアンチ型になっている．また，ペントース5員環をつくる原子のうち四つはほぼ同一平面をなしているが，一つの原子はこの平面からずれており，これを**パッカリング**という．C3′原子がC5′原子と同じ向きにずれた構造を**C3′-エンド**，C2′原子がC5′原子と同じ向きにずれた構造を**C2′-エンド**という（図2・5b）．B型はC2′-エンド，A型はC3′-エンドをとる．一方，Z型ではプリン残基はC3′-エンド，ピリミジン残基はC2′-エンドとなる．プリン-ピリミジンが繰返されると，シン型C3′-

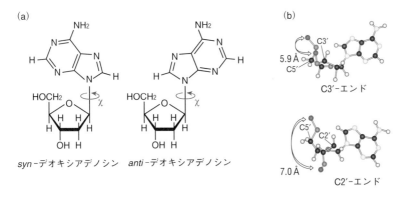

図 2・5　糖と塩基の回転位置関係(a)と糖のパッカリング(b)

エンド*と*アンチ型 C2′-エンドが交互に現れ，糖・リン酸骨格がジグザグになる.

　B 型から Z 型 DNA への変換は，ADAR（<u>a</u>denosine <u>d</u>eaminase <u>R</u>NA specific）と
いうタンパク質が存在すると生理的塩濃度でも起こることが知られている. ADAR
は Zα とよばれるドメインをもっており，Z 型 DNA に特異的に結合する. Zα ドメ
インをもつタンパク質はほかにも知られており，このことは生体内でも Z 型 DNA
が存在することを示唆している. 最近，Z 型 DNA がある種の病態と関連すること
や転写を促進することが報告されている.

2・1・4　DNA の構造を安定化させる力

　二重らせんの構造を安定化させているのは，水素結合による塩基対の形成，塩基
の積み重なり（スタッキング），イオンの相互作用の三つである.

　a. 水素結合による塩基対の形成　　塩基間の水素結合は塩基対の特異性を決め
るのに重要であるとともに，二重らせんが安定であることにも寄与している. 水溶
液中の塩基は近づいたり離れたりを繰返す水分子との水素結合で飽和している. 塩
基対を形成するために水素結合をつくるには，水分子との水素結合を切らなければ
ならないことから，水素結合は DNA の安定性にはあまり寄与していないように思
えるかもしれない. しかし，一本鎖ポリヌクレオチド鎖の塩基には水分子がずらり
と並んで結合しているのに対して，二重らせんを形成すると水分子は塩基から離さ
れる. すると水分子の無秩序さが現れ，エントロピーが増加する. こうして，塩基
間の水素結合は安定化する.

　b. 塩基（対）の積み重なり　　塩基は平らで比較的疎水性の分子なので，疎水
効果により積み重なろうとする傾向をもつ. この積み重なり（スタッキング）によ
り，積み重なった塩基（対）間に電子雲の（π-π）相互作用によるファンデルワー
ルス力が生じ，二重らせんの安定性に大きく寄与する. 塩基対のスタッキングエネ
ルギーは，塩基対の組合わせに依存する（表 2・2）. GC 塩基対どうしは AT 塩基
対どうしの積み重なりよりもスタッキングエネルギーが大きい. これにより，
DNA の GC 含量（全塩基中の G と C の占める割合）が高いほど，DNA 二重らせ
んは安定になる.

　c. イオンとの相互作用　　DNA の主鎖には負電荷をもつリン酸基が多くあり，
2 本の鎖の負電荷は互いに近くにあるので，鎖どうしを反発させて分離を促すよう

**表 2・2　B 型 DNA における
塩基対どうしのスタッキング
エネルギー[a]**

塩基対どうしのスタッキング	スタッキングエネルギー〔kJ・mol^{-1}〕
↑C・G↓ 　G・C	−61.0
↑C・G↓ 　A・T	−44.0
↑C・G↓ 　T・A	−41.0
↑G・C↓ 　C・G	−40.5
↑G・C↓ 　G・C	−34.6
↑G・C↓ 　A・T	−28.4
↑T・A↓ 　A・T	−27.5
↑G・C↓ 　T・A	−27.5
↑A・T↓ 　A・T	−22.5
↑A・T↓ 　T・A	−16.0

a)　R.L. Ornstein, R. Rein,
D.L. Breen, R.D. MacElroy,
Biopolymers, **17**, 2356 (1978) より
改変.

スペルミン: 精液（sperm）か
ら発見されたことにより命名さ
れた. DNA や RNA の構造を安
定化させるほか, タンパク質合
成や核酸合成系を促進する働き
がある. 多くの生物中に広く存
在するが, 対数増殖期の細菌や
がん細胞で特に濃度が高い.

に働く. 水溶液中の陽イオンは, この負電荷を遮蔽することにより静電的反発を抑
え, 二本鎖構造を安定化する. この効果は, 1価の Na^+, K^+, Li^+ よりも Mg^{2+},
Mn^{2+}, Co^{2+} などの2価の陽イオンの方がはるかに高い. また, **スペルミン**などの
ポリアミンも DNA を安定化させる作用がある.

2・1・5　DNA の変性と再生

　DNA 水溶液の温度を高くしたり, pH を高くしたりすると, DNA のネイティブ
な状態である二本鎖構造が, 一本鎖に分離し, ランダムなコンホメーションをとる
（図2・6a）. この過程を**変性**というが, 変性により DNA の性質が変化する. たと
えば, ネイティブな DNA の水溶液は粘性が高いが, 変性すると粘性は著しく低下
する. また, DNA 水溶液の紫外線吸収をみてみると, 変性 DNA では吸光度がネ
イティブ DNA より約40％増加する（図2・6b）. これを**濃色効果**という. 二重ら
せんでは積み重なった隣接塩基対間の相互作用により紫外線の吸収能力が減少して
いるが, 変性によりこの相互作用がなくなるため吸光度が増える.

　DNA の吸光度を温度に対してプロットする（**融解曲線**という）と, 吸光度の増

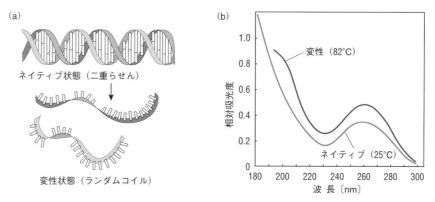

図 2・6　DNA 変性の模式図(a)**と大腸菌 DNA の紫外線吸収スペクトル**(b)

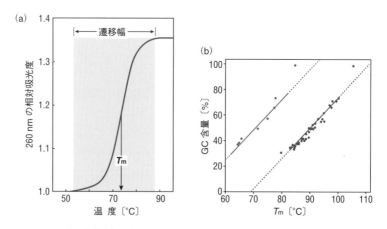

図 2・7　DNA の融解曲線(a)**と融解温度の変化**(b)　(a)相対吸光度は25℃における260 nm の
吸光度に対する各温度での吸光度の比である. (b)異なる生物種の DNA を低塩濃度（—）と
高塩濃度（—）の2種類に溶かして T_m を測定し, GC 含量に対してプロットしたものである
[J. Marmur, P. Doty, *J. Mol. Biol.*, **5**(1), 109-118（1962）より]

加（構造の遷移）は比較的狭い温度範囲で急に起こることがわかる（図2・7a）．この遷移の中点が，融解温度すなわち T_m（melting temperature）である．T_m 近辺での吸光度の増加は急であり，これは，DNA の変性が協調的に起こること，すなわち二本鎖の一部がほどけるとその周りの部分も不安定化することを示している．T_m は二重らせんの安定性を表す指標であり，溶液中のイオンの種類と濃度，共存する有機溶剤（ホルムアミドやジメチルスルホキシドなど）の濃度，pH，そしてDNA の GC 含量により変化する．T_m は GC 含量と直線的な関係にあり，GC 含量が増えると二本鎖の構造が安定化して T_m が上昇する（図2・7b）．これは先に述べたとおりである．

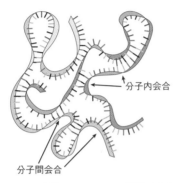

図 2・8　変性した DNA の一部分での会合

　高温で熱変性した DNA 溶液を急冷すると，部分的に相補的である領域どうしで塩基対を形成する（図2・8）．しかしながら，それは本来の相補的な領域とは限らないので，DNA は本来の二本鎖にはならない．一方，温度を徐々に下げたり，T_m より少し低い温度に保ったりすると，一本鎖 DNA は部分的に相補的な領域どうしで会合と解離を繰返し，一部の領域が相補鎖の正しい領域と塩基対を形成すると，その周りも一挙に塩基対を形成するようになり，完全な二本鎖 DNA が再生する．なお，一本鎖 DNA が相補的な配列と塩基対をつくる過程を**アニーリング**という．

2・2　DNA の位相幾何学

　DNA は単純な二重らせん構造をとるのではなく，ねじれたりよじれたりしてさらに複雑ならせん構造をとる．これらの構造は，細胞内に DNA を収納する際や，複製・転写の際に重要な問題となる．そこで，これらの構造の基本についてみていくことにする．

2・2・1　超らせん

　細菌やプラスミドの DNA は，共有結合で閉じた環状 DNA（covalently closed circular DNA, cccDNA）であり，電子顕微鏡で観察すると単純な環状構造（弛緩型）だけでなく，**超らせん**（**スーパーコイル**ともいう）という独特のよじれた構造をしている（図2・9）．線状 DNA は両端が自由に回転できるので，二重らせんが互いに巻き合う回数を変えることができる．そして，二本の鎖を切断せずにほどいて分離することが可能である．しかし cccDNA では，糖・リン酸骨格（主鎖）に切れ

目が入らないかぎり，二本の鎖が互いに巻き合う回数を変えることはできない．また，cccDNA の二本の鎖をほどいて分離するためには，一方の主鎖のどこかに切れ目（**ニック**）を入れなければならない．そして，そのニックにもう一方の鎖を通し，ニックを閉じてもとに戻すと，二本の鎖が互いに巻き合う回数（一方の鎖が他方にまとわりつく回数）を一つ減らしたり増やしたりすることができる．ニックを入れて巻き合う回数を一つ減らすことを繰返すと，cccDNA の 2 本の鎖を完全に分離することが可能である．そのために一方の鎖が他方の鎖のニックを通り抜けなければならない回数，すなわち一方の鎖が他方の鎖にまとわりつく回数のことを**リンキング数**（linking number；*Lk*）という．リンキング数は常に整数となる．リンキング数は位相幾何学的に**ツイスト数**（twist number；*Tw*，**ねじれ数**ともいう）と**ライジング数**（writhing number；*Wr*，**よじれ数**ともいう）の和である．

$$Lk = Tw + Wr$$

ツイスト数は，主鎖が共通らせん軸の周りを巻く回数であり，右巻きを正とする．ライジング数は，共通らせん軸自体がよじれる（らせんを巻く）回数を表す．また，図 2・10c で二本の鎖が交差する点の個数としてもみることができる．

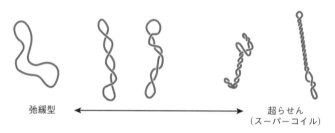

弛緩型　　　　　　　　　　　　　　　　　　　　超らせん
　　　　　　　　　　　　　　　　　　　　　　　（スーパーコイル）

図 2・9　環状二本鎖 DNA の模式図

　弛緩型の cccDNA（図 2・10a）の二本鎖を一度切断し，右巻きあるいは左巻きにねじってから閉環すると，リンキング数とツイスト数はその数だけ変化し，ねじれた構造になる*（図 2・10b）．このねじれた構造は，二本鎖を切断することなく，すなわちリンキング数を変えることなく絡み合った型に変換することができ，このときツイスト数は増減し，その数だけライジング数も減増する（図 2・10c）．絡み合った型は三つの数値を変えることなく，らせん型へと変換することができる（図 2・10d）．

　超らせんを形成せず生理的条件下でゆるんだ構造をとった弛緩型 B 型 DNA のツイスト数は，塩基対数を 10.5（水溶液中でのらせん 1 巻当たりの塩基対数）で割った値となり，またリンキング数も同じになる．このリンキング数を Lk^0 と表す．たとえば 1050 塩基対からなる DNA では $Lk^0=100$ となる．超らせんの度合いは $Lk - Lk^0 = \Delta Lk$ で表され，$\Delta Lk = \Delta Tw + \Delta Wr$ となる．$\Delta Lk < 0$ の場合は負の超らせん，$\Delta Lk > 0$ の場合は正の超らせんをもつという．同じ ΔLk であっても超らせんの程度は DNA の長さによって異なる．長さの異なる DNA の超らせんの程度を比較するためには，超らせん密度（σ）が使われる．$\sigma = \Delta Lk/Lk^0$ である．

　cccDNA の一方の鎖に 1 個でもニックを入れると，位相幾何学的な制約がなくなり，鎖は自由に回転して超らせんが解消される．

* わかりやすくするために図 2・10(a) ではリンキング数は 0 としている．

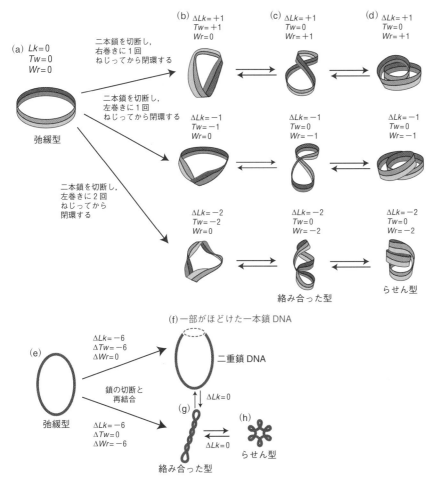

図 2・10　閉環状 DNA からの超らせんの形成　(a)～(d)ではわかりやすく
するために, $Lk=0$ からスタートしてある.

2・2・2　細胞内の DNA は負の超らせんをもつ

真核生物のゲノム DNA は線状であり, 両末端が自由であることから位相幾何学
的な制約は受けないようにみえる. しかし DNA が非常に長いこと, クロマチン構
造をとっていること (第3章参照), 細胞内のいろいろな成分と相互作用があるこ
とから, 位相幾何学的な制約を受け, 超らせん構造をとっている.

細菌から取出した環状 DNA は通常絡み合った型の負の超らせん (図2・10g)
をとっており, σは約−0.06である. 真核生物のゲノム DNA や真核細胞内のウイ
ルス DNA はヒストン八量体の周りに DNA が左巻きに巻きついた構造をとる*の
で, らせん型 (図2・10h) の負の超らせん構造をとっている.

負の超らせん構造をとった DNA では, ライジング数を増やしてツイスト数を減
らすことにより, 二本鎖の一部がほどけて一本鎖の部分ができやすくなる (図2・
10f, g). DNA 複製や転写の際には, 二本鎖を解いて一本鎖とし, それを鋳型とし
て新しいポリヌクレオチドをつくる必要があり, 負の超らせん構造は有利に働く.

* 図3・1参照.

2・2・3 トポイソメラーゼ

　位相幾何学的に制約を受けた DNA のリンキング数を変えるには，少なくとも一方の鎖に切れ目を入れる必要がある．DNA の一本鎖あるいは二本鎖を一時的に切断し，リンキング数を変えて，また鎖を再結合させる酵素が **DNA トポイソメラーゼ**である．DNA トポイソメラーゼの名前は DNA の位相（topology）を異性化させる酵素（isomerase）からきている．トポイソメラーゼには I 型と II 型がある．

　I 型トポイソメラーゼはさらに I A 型と I B 型に分けられる．I A 型では一方の鎖に入れたニックに他方の鎖を通過させ，その後ニックを再結合させることでリンキング数を 1 ずつ変化させる（図 2・11）．I A 型はすべての生物がもっており，負の超らせんを弛緩させる．I B 型は，一方の鎖に切れ目を入れるのは I A 型と同じだが，他方の鎖を通過させるのでなく，ニックを入れた鎖を他方の鎖の周りで回転させたのちに再結合させることによりリンキング数を 1 ずつ変化させる．I B 型は正負，両方の超らせんを弛緩できる．真正細菌は I B 型をもっていない．

　II 型トポイソメラーゼは二本鎖に同時にニックを入れて切断し，その切れ目に二本鎖の別の部位を通し，その後切れ目を再結合することによりリンキング数を 2 ずつ変化させる（図 2・12a）．II 型は 1 反応ごとに 1 個の ATP を消費するが，これはトポイソメラーゼの構造を変化させるために利用される．II 型トポイソメラーゼは超らせんを弛緩させる方向に働き，すべての生物がもっている．これに加えて，原核生物は DNA ジャイレースとよばれる特殊な II 型トポイソメラーゼをもっており，これは超らせんを解くのではなく負の超らせんを導入する．DNA ジャイレースが積極的に働くことにより，原核生物の DNA は負の超らせん構造をとる．

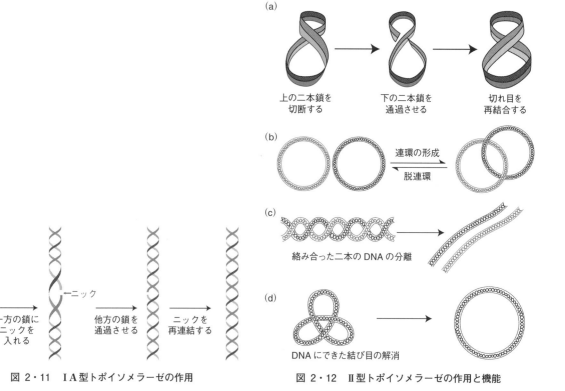

図 2・11　I A 型トポイソメラーゼの作用

図 2・12　II 型トポイソメラーゼの作用と機能

2・2・4　トポイソメラーゼの細胞内での役割

DNA 複製や転写が行われるとき，その進行方向側の DNA に正の ΔLk が発生し，蓄積する．これを放置すると，DNA は正の超らせん構造をとることになり，二本鎖を解離させることができなくなり，複製や転写が不可能になる．これを防ぐためには DNA トポイソメラーゼの作用が必要で，トポイソメラーゼは DNA ポリメラーゼや RNA ポリメラーゼと協調して働く．

トポイソメラーゼは，リンキング数を変化させるためだけに機能するのではない．II 型トポイソメラーゼは，cccDNA の二本鎖を切断して他の cccDNA を通過させることによりチェーンのような連環（カテナン）を形成したり，連環を解消したりすることができる（図 2・12b）．これは生物学的に非常に重要な反応である．環状 DNA を複製すると，複製終了時には連環ができて，そのままでは二つの DNA を分離することはできない．II 型トポイソメラーゼがこの連環を解消することで，二つの娘 DNA をそれぞれの娘細胞へ分配することが可能になる．

真核生物でも似たような問題が生じる．DNA は非常に長いので，複製中にしばしばもつれ絡み合ってしまい，その部分が DNA の分離を妨げる．これも II 型トポイソメラーゼが一方の二本鎖を切断して，他方の二本鎖を通すことを繰返すことで解消できる（図 2・12c）．

部位特異的組換え反応*では結び目のある DNA ができてしまうが，これも II 型トポイソメラーゼがほどく（図 2・12d）．DNA 鎖にニックやギャップがあれば，I 型トポイソメラーゼでもほどくことができる．

* 部位特異的組換えについては §7・2 参照.

2・3　RNA の 構 造

RNA は，糖の 2′ 位にヒドロキシ基があること，チミンの代わりにウラシルをもつこと，そして一本鎖であることを除けば，DNA とよく似ている．しかし，単なる一本の鎖ではなく，分子内で塩基対を形成して部分的な二本鎖構造をとったり，ワトソン・クリック塩基対以外の塩基対をとったりすることで複雑に折り返し，それぞれの RNA に特有の構造をとる．さらに酵素活性をもつ RNA すらある．

2・3・1　RNA の局所的な二重らせんの形成

RNA は，しばしば分子内で部分的に二重らせんのような構造をとり，近くに相補的な配列があると**ステムループ構造**をとる（図 2・13a）．RNA のとる二重らせん構造は A 型 DNA に近いものとなる．相補的な DNA と RNA も二重らせんを形成するが，この構造も A 型 DNA に近い形になる．ステムループは二重らせん構造から分岐してつくられる場合もある．また，二重らせんの内部には片側の鎖から数個のヌクレオチドが飛び出すこぶ構造をとったり，長い内部ループをつくったりする場合もある．また，ステムループのループ部分と他の場所の塩基が塩基対をつくり，シュードノット（結び目もどき）といわれる構造をつくることもある（図 2・13b）．RNA にはワトソン・クリック塩基対（GC，AU）以外に，GU 塩基対（グアニンの C6 のカルボニル基とウラシルの N3 の間，およびグアニンの N1 とウラシルの C2 のカルボニル基の間に水素結合）などをつくることができる．

tRNAやrRNAなどには修飾塩基（ヌクレオシド）が数多く含まれている場合が多く，それらも非ワトソン・クリック塩基対とよばれる塩基対を形成する．

さらにGNRA，UNCG，CUYG（Nは4種すべて，RはAとG，YはUとCを表す）の4塩基配列は塩基のスタッキング相互作用と，塩基とリン酸基の間での水素結合により特有の**テトラループ**とよばれる構造をとる（図2・14）．この構造はリボソームRNA中によくみられる．

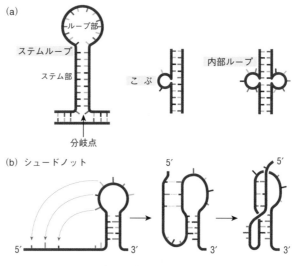

図 2・13　**RNAがつくる二重らせん**(a)**ととりうる特殊な構造**(b)

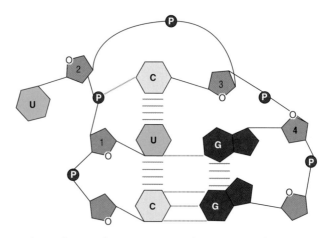

図 2・14　**C(UCUG)Gオリゴヌクレオチドのつくるテトラループ**　⸺⸺は水素結合を，塩基間の≡≡はスタッキング相互作用を示す．

2・3・2　RNAの複雑な三次構造

RNAは，DNAと異なりすべての塩基が塩基対を形成しているわけではないので，塩基対を形成していない領域では主鎖の回転の自由度が高く，いろいろに折れ曲がることができる．このことにより，さまざまな立体構造をとることができる．また，3塩基間の相互作用（一例を図2・15に示す）や，塩基と主鎖の相互作用もよ

くみられる．これらのことと，二本鎖をつくる領域が RNA によって異なることから，各 RNA は特有の立体構造をとることになる．たとえば，タンパク質の生合成にかかわる tRNA はどれも非常に似た安定した形をしているが，これは塩基対の形成だけでなく一本鎖部分の塩基間のスタッキング相互作用も寄与している（§9・2・1参照）．

RNA の立体構造は温度によって変化することもあれば，リボスイッチ*のように他の分子と結合することで変化する場合もある．

* §10・3・2参照.

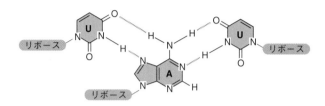

図 2・15　UAU 3 塩基からなる塩基対

2・3・3　酵素としての RNA

かつては酵素はタンパク質からできているということが常識であり，1982 年に Thomas Ceck（チェック） が RNA の自己スプライシングを発見し，RNA が酵素のように働くことを報告したときは多くの疑いの目で見られた．タンパク質は，通常は 20 種類のアミノ酸が数多く連なり，複雑な立体構造をとることで基質や補因子との結合部位や活性中心部位などを形成することにより触媒として機能することができる．一方，RNA も複雑な立体構造をとることができ，触媒として機能したとしても不思議ではない．現在では，一部の RNA が酵素として働くことは常識となっており，酵素活性をもつ RNA を**リボザイム**という．

たとえば **RN アーゼ P** は，tRNA 前駆体から 5′ 末端の余分な配列を切り出す酵素であり，初期に見つけられたリボザイムの一つである．RN アーゼ P は RNA とタンパク質の複合体であるが，RNA 部分が触媒活性をもち，タンパク質は反応を助ける働きしかもっていない．大腸菌の RN アーゼ P は，タンパク質を除いても正電荷をもつ小分子を反応液に加えるだけで，前駆体から tRNA を切り出すことができる．

そのほか有名なリボザイムとして，植物に感染するウイロイドから発見された自己切断能をもつハンマーヘッド型リボザイムがあげられる．また，mRNA 前駆体，

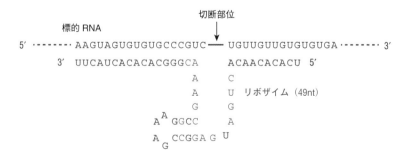

図 2・16　実験室で開発されたリボザイム　赤字はリボザイムとして機能するのに必要な塩基配列を示す．

rRNA 前駆体, tRNA 前駆体のスプライシングの過程で, これらからイントロンを取除くリボザイムもある.

また, 翻訳の過程で, ペプチド鎖に新たなアミノ酸をつなぐ反応を触媒するペプチジル転移酵素は rRNA が担っており (§9・3 参照), 全生物で共通するリボザイムである.

さらに, 現在までに多くのリボザイムが人工的につくられている. 図2・16 にその一例を示す. 標的 RNA 中の GUC 配列を挟む相補的な配列を 5′ 側と 3′ 側につけ, リボザイムとして機能するのに必要な特有の配列をその間にもつ RNA を合成する. この RNA は, 標的 RNA の特定の配列と結合し, その配列中の GUC 配列の 3′ 側で切断する. これにより, 非常に高い特異性で標的 RNA の機能を喪失させることができる. また, 細胞内に投与すれば, 標的 RNA は切断されたあと急速に分解される.

■ 章 末 問 題

2・1 一方の鎖の配列が GCTACCTAGT からなる二本鎖 DNA の分子量を計算せよ. ただし 5′, 3′ 両末端はヒドロキシ基のままであり, リン酸基は電離していないものとする. また, スタッキング相互作用のエネルギーを求めよ.

2・2 4.00×10^6 塩基対からなる DNA が A 型, B 型, Z 型をとったときの長さをそれぞれ求めよ. 単位は mm とする.

2・3 一本鎖 DNA でも濃色効果はみられるが, 融解曲線は二本鎖 DNA のときのようにある温度以上で急激に増加するのではなく, 温度に依存して緩やかに上昇していく. なぜ濃色効果がみられるのか, また融解曲線がなだらかになる理由を説明せよ.

2・4 GC が連続した 252 塩基対からなる閉環状二本鎖 DNA の水溶液がある. 溶液の塩濃度を高くすると B 型から Z 型へ変換する. このときの ΔLk, ΔTw, ΔWr を求めよ.

2・5 $Lk=400$, $Tw=380$ の閉環状二本鎖 DNA がある. II 型 DNA トポイソメラーゼがこの DNA を完全に弛緩させるには, ATP を何個消費する必要があるか答えよ.

2・6 真核生物は DNA ジャイレースをもたず, 必要ともしないが, その理由を説明せよ.

2・7 DNA トポイソメラーゼの阻害剤は, 抗生物質や抗がん剤として利用されている. どのようなものがあるか調べて説明せよ.

2・8 GU 塩基対の構造を全原子で書け.

2・9 $^{5′}$UCUUGGGGCUUCCCAGGA$^{3′}$ の配列をもつ RNA はどのようなヘアピン構造をとると考えられるか, 対をなしている塩基を点線で結んで図示せよ. ただし, ワトソン・クリック塩基対のみ形成するものとする.

クロマチンの構造 ③

概要 ヒトの細胞の核の中にある DNA を直線状につなげると，約 2 m にもなる．一方，ヒトの細胞の核の大きさは直径約 10 μm 程度であるので，DNA は小さく折りたたまないと核の中に収納できない．実際，核の中にある DNA は凝縮された構造をしている（クロマチン構造）．分裂期になると，クロマチンはさらに凝縮されて染色体を形成する．クロマチン構造は，DNA を核内に収めるだけでなく，ゲノムの安定性や遺伝子発現制御にも重要な役割を果たす．また分裂期の細胞では染色体を形成することにより，細胞分裂の際に生じる二つの娘細胞は効率よく一組の DNA を受取ることができる．本章では，クロマチン構造とその最小単位であるヌクレオソームの構造を中心にみていこう．

┌─ 行動目標 ─────────────────
1. ヌクレオソームの構成と構造を説明できる
2. 30 nm 繊維，分裂期染色体などのクロマチンの高次構造を説明できる
3. クロマチンリモデリング複合体の機能，ヒストン修飾の種類とその意義を説明できる
└────────────────────────

3・1 クロマチンの構成単位としてのヌクレオソーム

クロマチンは，真核生物の核の中に存在する DNA とタンパク質の複合体である．クロマチンでは，DNA は**ヒストン**とよばれる小さい塩基性のタンパク質からなる複合体に規則正しく巻きついており，この構造を**ヌクレオソーム**とよぶ（図 3・1）．

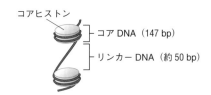

コアヒストン
コア DNA（147 bp）
リンカー DNA（約 50 bp）

図 3・1 ヌクレオソームの構造 bp: 塩基対

3・1・1 ヌクレオソーム

ヌクレオソームは，クロマチン構造の最小単位であり，**コアヒストン**からなる八量体にコア DNA が強く結合して約 1.65 回転巻きついている．コア DNA の長さは約 147 塩基対である．この長さは生物間で共通であり，後述のような実験で測定できる．一方，ヌクレオソームとヌクレオソームの間をつなぐ DNA を**リンカーDNA**とよぶ．リンカーDNA の長さは，生物種や組織によってさまざまである．ヒトのリンカーDNA の長さは約 50 塩基対である．

核から抽出した DNA をミクロコッカスヌクレアーゼとよばれる配列特異性のない DNA 分解酵素で処理すると，ヒストンと結合している DNA は切断されず，リンカーDNA の部分だけで切断される．ヒストンなどの DNA に結合しているタンパク質を除去してから，この DNA をアガロースゲル電気泳動により大きさで分けると約 200 塩基対間隔の DNA ラダーが観察される（図 3・2a）．ラダー（はしご）状に検出されるのは，リンカーDNA が限定分解（全部ではなく部分的に分解）さ

れたからである. アポトーシスの際に DNA の断片化が起こるが, この DNA の切断もリンカー−DNA 部分で限定的に起こり, 同様に約 200 塩基対の DNA ラダーとして観察される. このような DNA 切断はネクローシス(壊死)では起こらないため, DNA ラダーの検出は細胞死がアポトーシスによるものかどうかを確認するための指標となる. また, ヒストンと結合している DNA をミクロコッカスヌクレアーゼで十分に処理してリンカー−DNA 部分を完全に分解してからポリアクリルアミドゲル電気泳動で分析すると, 約 147 塩基対の DNA だけが観察される (図 3・2b).

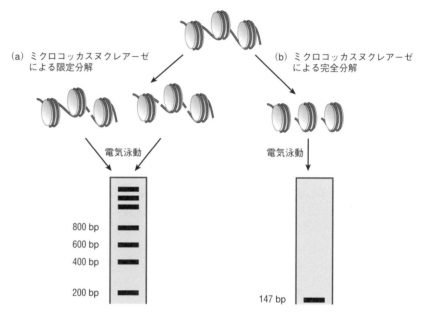

図 3・2　ミクロコッカスヌクレアーゼによる DNA の分解

3・1・2　ヒ ス ト ン

ヒストンは, ヌクレオソームを構成するタンパク質である. ヌクレオソーム構造をもたない原核生物には存在せず, 真核生物にのみに存在し, DNA に結合するタンパク質のなかでは最も量が多い. ヒストンには, H1, H2A, H2B, H3, H4 の 5 種類が存在する. そのうち, ヌクレオソームコアを構成するのは**コアヒストン**とよばれる H2A, H2B, H3, H4 の 4 種類で, 二つずつ会合して八量体を形成する (図 3・3a). コアヒストンに加えて, リンカー−DNA に結合しているヒストン H1 があり, **リンカーヒストン**とよばれる. 4 種類のコアヒストンは 11〜15 kDa, ヒストン H1 は約 21 kDa で, いずれも小さいタンパク質である. ヒストンを構成するアミノ酸は, 塩基性アミノ酸であるリシンおよびアルギニンが少なくとも 20%を占めている. これらのアミノ酸は正電荷をもっているので, 負電荷をもつ DNA と強く結合することができる. コアヒストンには保存されている領域が存在し, **ヒストン型折りたたみドメイン** (histone-fold domain) とよばれる (図 3・3b). ヒストン型折りたたみドメインは三つの α ヘリックスとそれを分断する二つの短いループからなり, このドメインを介して特定のヒストンどうしが相互作用し, ヒストン中間体が形成される.

Da(ドルトン): 分子や原子の質量の単位.

　真核生物間のヒストンタンパク質のアミノ酸配列はほぼ同一で，非常に保存性が高い．一方，4種類のコアヒストンとは異なる**ヒストンバリアント**（亜種）が存在する．このようなヒストンバリアントを含むヌクレオソームは，染色体の特定の場所に存在し，特殊な機能に関わったり，特定の構造を維持したりする．代表的なヒストンバリアントとして**ヒストン H2A.X** と **CENP-A** がある．ヒストン H2A のバリアントであるヒストン H2A.X は，クロマチンに一定の割合で存在し，**DNA の二本鎖切断**が起こった際に，その周辺の H2A.X はリン酸化される．細胞内には DNA の二本鎖切断による損傷を修復するシステムが存在するが（第 6 章参照），種々の DNA 修復酵素は，リン酸化された H2A.X と相互作用することで損傷部位に集まり，損傷を修復する．つまり，H2A.X はリン酸化されることで，染色体 DNA のどの位置で損傷が起こっているのかを修復酵素に知らせているのである．一方，CENP-A はヒストン H3 のバリアントで，染色体の**セントロメア**に存在する*．セントロメア領域のヌクレオソームの一部はヒストン H3 が CENP-A と置き換わっており，CENP-A を含むヌクレオソームはセントロメア領域の形成および維持に重要な役割を果たしている．

* 図 3・4 参照.

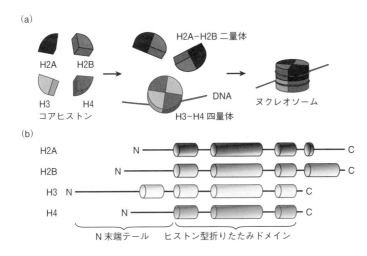

図 3・3　**コアヒストンによるヌクレオソームの形成**　(a) コアヒストン八量体からなる．(b) コアヒストンの構造．ヒストン型折りたたみドメインを円筒で示す．

3・1・3　ヌクレオソームコアの形成

　まず，H3 と H4 がヒストン型折りたたみドメインを介して結合してヘテロ二量体を形成する．さらにこのヘテロ二量体どうしが結合し，H3 と H4 が 2 分子ずつからなる四量体が形成される．一方，H2A と H2B も結合してヘテロ二量体を形成するが，四量体にはならない．H3 と H4 からなる四量体に DNA が結合すると，そこに 2 組の H2A-H2B ヘテロ二量体が形成し，各コアヒストン 2 分子ずつからなる**ヒストン八量体**に DNA が約 1.65 回巻きついたヌクレオソームが完成する（図 3・3a 参照）．ヒストンの N 末端部分は，特定の構造をとらずにヌクレオソームから突出しており，**ヒストンテール**（ヒストン尾部）とよばれる．この部分に存在するリシン，アルギニン，セリン，トレオニン残基は，**アセチル化，メチル化，リン酸化**

ヒストンテール

などのさまざまな**翻訳後修飾**を受け，遺伝子の発現調節に重要な役割を果たす．

3・2　クロマチンの高次構造

クロマチンの高次構造は，ヌクレオソームが折りたたまれてつくられる（図3・4）．細胞が分裂するときには，クロマチンはさらに凝縮して**分裂期染色体**とよばれる構造をとる．**染色体**とは，遺伝情報を担う DNA とヒストンなどのタンパク質が結合した巨大複合体のことである．細胞分裂期には棒状の構造をとり，この時期の染色体が分裂期染色体である．分裂期染色体の構築は，複製された DNA の娘細胞への正確な分配に必須である．ここでは，クロマチンの高次構造がつくられる過程をみてみよう．

3・2・1　ヒストン H1 の結合

リンカーヒストンである**ヒストン H1** は，ヌクレオソーム間の DNA に結合する．これにより，直径 10 nm の**ヌクレオソーム繊維**が形成される．ヒストン H1 はヌクレオソームに結合する DNA と 2 箇所で結合し，それによりヌクレオソームに入るDNA と出る DNA の角度が決まり，ヌクレオソーム繊維は規則正しく折りたたまれた構造をとる．

3・2・2　30 nm 繊維

試験管内でヒストン H1 を加えて塩濃度を上げると，ヌクレオソーム繊維はさら

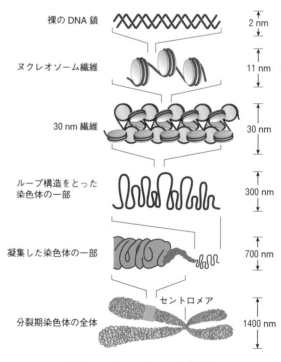

裸の DNA 鎖　　　　2 nm

ヌクレオソーム繊維　11 nm

30 nm 繊維　　　　30 nm

ループ構造をとった
染色体の一部　　　300 nm

凝集した染色体の一部　700 nm

セントロメア

分裂期染色体の全体　1400 nm

図 3・4　クロマチンの高次構造

に凝集して，**クロマチン繊維**を形成する．この繊維の直径は 30 nm なので，**30 nm 繊維**ともよばれる．30 nm 繊維の構造モデルとして，ソレノイドモデルとジグザグモデルの二つがおもに提唱されている．DNA はもともとらせん構造をとっているが，ソレノイドモデルでは隣り合うヌクレオソームどうしが結合し，六つのヌクレオソームで 1 回転した超らせん構造をとる．一方ジグザグモデルでは，二つ離れたヌクレオソームどうしが結合して折りたたまれ，ジグザグパターンを形成する．

3・2・3　分裂期染色体の形成

　分裂期染色体の凝集で中心的な役割を担うのは，**コンデンシン**とよばれるタンパク質複合体である．**有糸分裂期**（M 期）にはすでに DNA 複製は完了しており，分裂期染色体は複製により生じた二つの同一染色分体（**姉妹染色分体**）からなる．細胞分裂により生じる二つの娘細胞には，この姉妹染色分体が一つずつ分配される．姉妹染色分体どうしは**コヒーシン**とよばれる接着装置によりくっついており，有糸分裂期に姉妹染色分体が分離するまで，そのまま接着した状態が維持される．

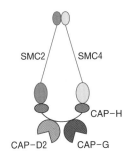

図 3・5　コンデンシンの構造

　コンデンシンは 2 種類の染色体構造維持（**SMC**）タンパク質（SMC2 と SMC4）および，3 種類の非 SMC タンパク質（CAP-D2，CAP-G，CAP-H）からなる環状複合体タンパク質であり（図 3・5），有糸分裂期になると姉妹染色分体に結合する．ちなみにコヒーシンも，SMC および非 SMC タンパク質からなるコンデンシンと似たような構造の環状複合体タンパク質である．SMC は **ATP アーゼ活性**をもっており，試験管内で精製した DNA にコンデンシンを加えると，SMC の ATP 加水分解によるエネルギーを利用して，DNA 分子の巻き具合を変えることが知られており，これがコンデンシンによる染色分体の凝縮に重要であると考えられている．M 期の中期において，姉妹染色分体をつないでいるコヒーシンがセパラーゼにより切断されると，姉妹染色分体は分離する．その後，染色体からコンデンシン複合体が離れると染色体は脱凝縮する．

SMC: structural maintenance of chromosome

3・3　クロマチン構造の調節

　これまで述べてきたように，クロマチンの構造は非常に密であるため，転写因子などのタンパク質が特定の領域の DNA に結合し転写を活性化するためには，ヌクレオソームを動かしたりして，DNA に近づけやすくする必要がある．すなわち，

クロマチン構造自体が転写を制御していて，転写を活性化するためにはヌクレオソーム構造が変化しなくてはいけない．ここでは，クロマチン構造の調節機構について概説する．

3・3・1 クロマチンリモデリング複合体

ヌクレオソームの構造変化をひき起こす因子のことを，**クロマチンリモデリング複合体**とよぶ（クロマチン再構築複合体ともいう）．クロマチンリモデリング複合体は，文字どおり複数のタンパク質からなる大型の複合体タンパク質で，そのなかにはATP要求性の**ヘリカーゼ**を含み，ATP加水分解で得たエネルギーを使ってヌクレオソームの位置を動かし，DNAとヒストンコアの結合を緩め，ヌクレオソーム構造を一時的に変化させる．クロマチンリモデリング複合体によるヌクレオソームの構造変化には，ヌクレオソーム位置の移動，ヌクレオソームの除去，ヌクレオソーム中のヒストンバリアントの交換の3種類がおもにある（図3・6）．ヌクレオソームの位置の移動は，ヌクレオソームDNAの特定の領域を露出させることになり，これによりヌクレオソームDNAの特定の領域はタンパク質と相互作用できるようになる．コアヒストンをDNAから外すことでも，ヌクレオソームDNAの特定の領域を露出させることができる．また，一部の複合体は，ヌクレオソーム中のコアヒストンタンパク質を置き換えることができる．たとえば，不活性化されたX染色体ではヌクレオソーム中のヒストンH2AはそのバリアントであるマクロH2Aに置き換えられている．

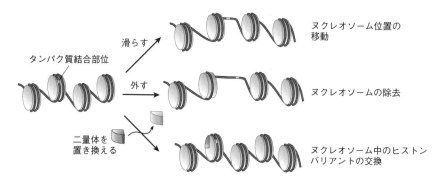

図3・6 クロマチンリモデリング複合体によるヌクレオソームの構造変換

SWI/SNF: switch/sucrose non-fermenting
ISWI: imitation switch
CHD: chromatin helicase DNA binding protein
INO80: inositol 80 requiring

クロマチンリモデリング複合体は，SWI/SNF，ISWI，CHD，INO80の4種類がある．これら複合体を構成する因子のなかには，がんで変異が見つかっているものが存在し，発がんとの関係が示唆されている．たとえば，難治性小児がんの一つである悪性ラブドイド腫瘍（MRT）は，SWI/SNF複合体のサブユニットであるSNF5遺伝子の変異によって発症することが知られている．

3・3・2 ヒストンの修飾

ヌクレオソームを構成する4種類のコアヒストンの複数のアミノ酸の側鎖は，さまざまな共有結合修飾を受ける（図3・7）．代表的な修飾としては，リシン残基の

アセチル化やメチル化，アルギニン残基のメチル化，セリンやトレオニン残基のリン酸化などの化学修飾がある．また，数は少ないが，アルギニン残基のADP-リボシル化や，リシン残基に対するタンパク質修飾であるユビキチン化やSUMO（small ubiquitin-related modifier）化などもある．これらの修飾のほとんどは，ヌクレオソーム構造から突出したN末端テールで起こるが，なかにはヌクレオソームコア内やC末端でも起こる修飾もある．

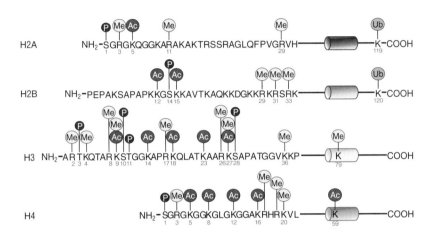

図3・7　コアヒストンの翻訳後修飾　Ac：アセチル化，Me：メチル化，P：リン酸化，Ub：ユビキチン化

リシン残基のε-アミノ基はアセチル化やメチル化を受ける．アセチル基の場合は一つのみであるが，メチル基の場合は3個までリシン残基に結合することができる（モノメチル，ジメチル，トリメチル）．メチル化はアルギニン残基でも起こるが，結合するメチル基は1個か2個である．アルギニンのジメチル化は，メチル基の結合様式により，対称と非対称の2種類がある．一方，セリン/トレオニン残基はリン酸化される．

　これらの修飾は酵素によって可逆的に制御されており，特定の酵素が特定のアミノ酸残基の修飾を調節する．一つの修飾酵素は，一つの，あるいは限られたアミノ酸残基のみを修飾し，脱修飾は別の酵素が行う．アセチル化の場合，ヒストンアセチル基転移酵素（histone acetyltransferase，HAT）が修飾酵素として，ヒストン脱アセチル化酵素（histone deacetylase，HDAC）が脱修飾酵素として働く（図3・8）．アセチル基はアセチルCoAから供給される．一方，メチル化の場合，ヒストンメチル基転移酵素（histone methyltransferase，HMT）が修飾酵素として，ヒストン脱メチル化酵素（histone demethylase，HDM）が脱修飾酵素として働く（図3・9）．メチル基ドナーは，S-アデノシルメチオニン（S-adenosylmethionine，SAM）である．

　ヒストンの修飾の機能は，修飾の種類のみでなく，起こる残基の違いによって異なる．アセチル化の場合は，基本的に転写の活性化と相関しているが，ヒストンH4のN末端から数えて5番目（ヒストンH4K5）と12番目（ヒストンH4K12）のアセチル化は，新しくヌクレオソームに組込まれる新生ヒストンH4の目印とな

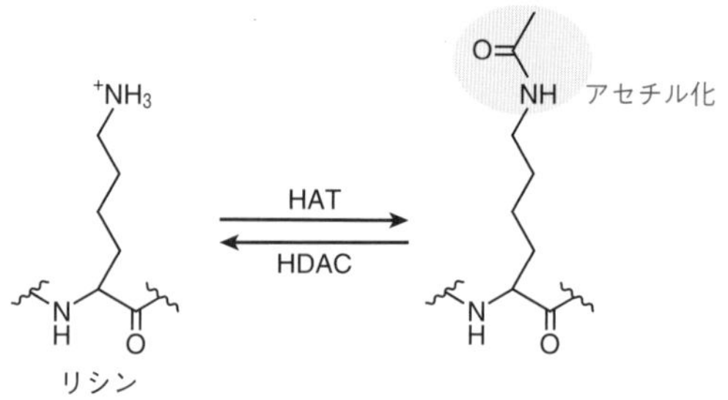

図 3・8　ヒストンのアセチル化と修飾酵素　HAT: ヒストンアセチル基転移酵素,
HDAC: ヒストン脱アセチル化酵素

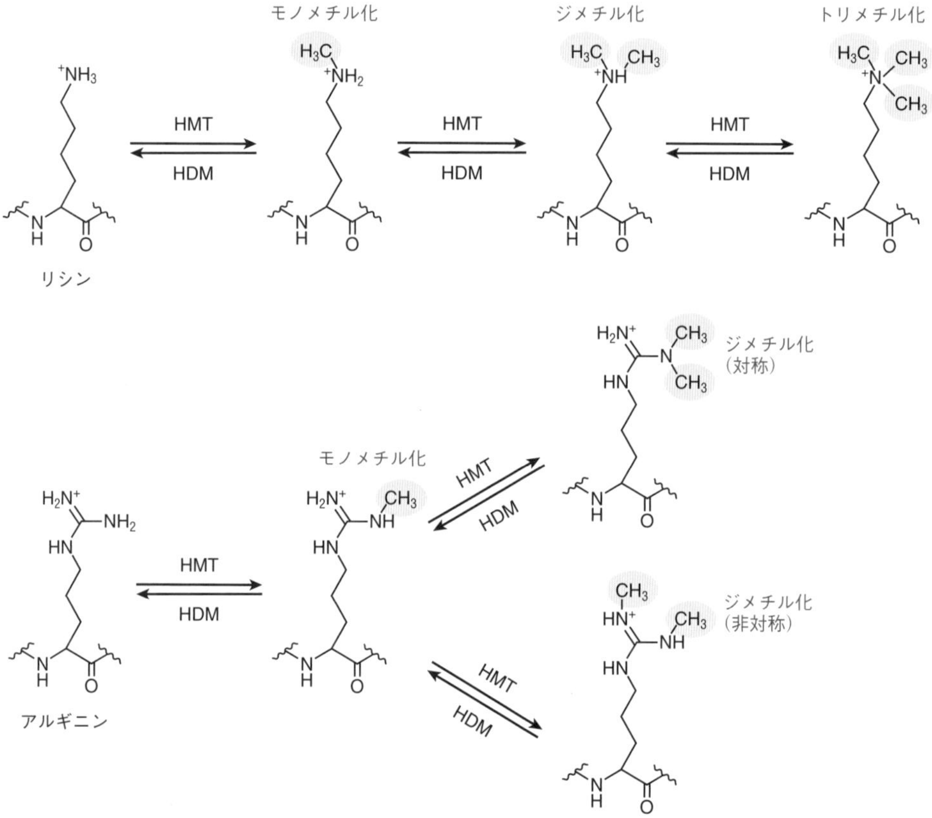

図 3・9　ヒストンのメチル化と修飾酵素　HMT: ヒストンメチル基転移酵素,
HDM: ヒストン脱メチル化酵素

る. メチル化の場合, 修飾されるアミノ酸残基によってその意義はまったく異な
る. たとえば, ヒストン H3 の 4 番目のリシン残基 (ヒストン H3K4) とヒストン
H3 の 36 番目のリシン残基 (ヒストン H3K36) のメチル化は発現している遺伝子
にみられる. 一方, ヒストン H3 の 9 番目のリシン残基 (ヒストン H3K9) と 27 番
目のリシン残基 (ヒストン H3K27) のメチル化は発現抑制されている遺伝子にみ
られる.

　ヒストンテールの修飾はどのようにして遺伝子の発現に影響を与えるのだろう
か？ アセチル化の場合，リシン残基の正電荷を中和し，負の電荷をもつ DNA と
の結合親和性を減少させることにより，ヌクレオソームの構造が変化するといわれ
てきた．一方，メチル化の場合，電荷は変化しないので，電荷の変化による DNA
との結合親和性の変化は起こらない．ヒストンテールの修飾による転写制御で重要
なのは，ヒストンテールの修飾により特定のドメインやモジュールをもつタンパク
質がクロマチンに動員されることである（図3・10）．たとえば，**ブロモドメイン**
はアセチル化されたリシンを，**クロモドメイン**，**TUDOR ドメイン**や **PHD フィン
ガー**はメチル化されたリシンを特異的に認識する．このことにより，これらのドメ
インをもつタンパク質が，特定の修飾を受けたヒストンを含むクロマチンに動員さ
れ，クロマチンの機能を変化させる．たとえば，HP1 というタンパク質はクロモ
ドメインを介して K9 がトリメチル化されたヒストン H3 に結合することにより，
周辺のクロマチン構造を凝縮させ**ヘテロクロマチン**を形成し，周辺の遺伝子の発現
を抑制する（§10・2・4 参照）．

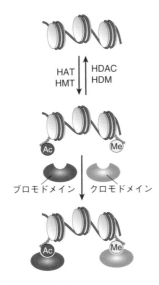

図 3・10　ヒストン修飾の作用

3・3・3　ヌクレオソームの形成

　DNA が複製される際にヌクレオソームは分解されるが，複製後速やかにヌクレ
オソームは再形成される．ヌクレオソームは自然には形成されない．ヌクレオソー
ムの形成には**ヒストンシャペロン**とよばれるタンパク質が必要である．ヒストン
シャペロンは，ヒストンと DNA の結合，解離に関与し，ヌクレオソーム構造の形
成あるいは分解に重要な役割を果たす．ヒストンシャペロンは十数種類存在し，ヒ
ストンに対する特異性がある．前述したように，H3-H4 ヘテロ二量体同士が結合
した四量体に DNA が結合し，そこに 2 分子の H2A-H2B ヘテロ二量体が結合し，
ヌクレオソームが形成される．CAF-1，Asf1 とよばれるヒストンシャペロンは
H3-H4 ヘテロ二量体に，NAP-1 とよばれるヒストンシャペロンは H2A-H2B ヘ
テロ二量体に作用する．

■ 章 末 問 題

3・1 以下の文章を読み，(a)〜(e) の問いに答えよ．

　ヌクレオソームはクロマチン構造の最小基本単位である．ヌクレオソームを構成するヒストンのことを[(a)]コアヒストンとよび，ヌクレオソームは[(b)]八量体からなるコアヒストンタンパク質にDNAが約1.65回転巻きついたものである．[(c)]ヒストンタンパク質は塩基性アミノ酸の含量が高く，そのためDNAと強く結合することができる．ヒストンはさまざまな[(d)]翻訳後修飾を受ける．特に，ヌクレオソーム構造から突出しているN末端テールに存在するアミノ酸はさまざまな翻訳後修飾を受け，[(e)]遺伝子発現の制御に密接に関係している．

　(a) コアヒストンの種類をあげよ．

　(b) コアヒストン八量体の形成に関与するタンパク質は何か答えよ．

　(c) 塩基性アミノ酸は何か答えよ．また，塩基性アミノ酸の含有量が多いとなぜ
　　　DNAと強く結合できるのか，その理由を答えよ．

　(d) 翻訳後修飾の種類を答えよ．また，発現している遺伝子によくみられる翻訳
　　　後修飾は何か答えよ．

　(e) N末端テールの翻訳後修飾による遺伝子の発現制御機構について答えよ．

3・2 リンカーヒストンについて説明せよ．

3・3 クロマチンリモデリング複合体が共通してもつ酵素活性を答えよ．

3・4 クロマチンリモデリング複合体によるヌクレオソームの構造変化の機構はおもに三つある．それぞれ簡潔に説明せよ．

ゲ ノ ム の 構 成 **4**

概 要 ヒトゲノムは約30億塩基対，遺伝子数は約21,000個であるが，高等生物であるヒトよりも大きなゲノムサイズをもつ生物種が存在する．これは，一つには長い進化の過程で本来二倍体であるゲノムが多倍体化したことによるもので，ゲノムサイズの多様性を生み出している．ヒト遺伝子は，エキソンとイントロンからなり，大きな遺伝子はイントロンの占める割合が高い．ヒトゲノムの特徴としては，遺伝子クラスター，高度反復配列，霊長類特有なトランスポゾンの存在があげられる．高度反復配列はサテライトDNAとよばれ，セントロメア，テロメアの機能維持，疾患との関連など生理的にも重要な役割を担っている．トランスポゾンは，染色体DNAのある部位から切り出されて別の部位に挿入（転位）する反復配列である．ゲノム全体の約45％を占め，移動先の本来の遺伝子の機能を喪失すると疾患発症の原因ともなる．

┌─ 行動目標 ─────────────────────
1. ゲノムと遺伝子の基本的構造と概念を説明できる
2. ヒトゲノムの特徴をあげることができる
└────────────────────────────

4・1 ゲノム配列と多様性

ゲノム（genome）は，遺伝子（gene）と"すべて"という意味のオーム（ome）を結合させた造語で，親から子に伝わるさまざまな性質（たとえば皮膚の色，目の色，病気に強いなど）を決める情報である遺伝子を含む，DNA塩基配列情報の全体をさしている（図4・1）．染色体数，ゲノムの大きさ，遺伝子数は，生物種によって大きく異なっている．かつては形態学的に生物種が分類されて進化系統樹が作成されていたが，近年のゲノム塩基配列をもとにした進化系統樹の作成は，生物の進化の過程や多様性の解明に大きく貢献している．従来の分類が修正されたり，あるいは形態学的に分類された進化系統樹ではわからなかった他の系統との関連性が判明したりしている．

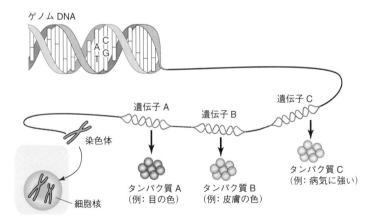

図 4・1　ゲノム DNA と遺伝子

4・1・1　環状と線状の染色体と染色体数

　原核生物は単細胞生物であり無性生殖で増殖するため，ゲノム DNA は一倍体で環状構造をしている．それに対して真核生物のゲノム DNA は，通常二倍体で線状構造をしており，核膜で覆われた核内に存在している．

　染色体数は，表4・1に示すように生物種によって多様である．ヒトの体細胞では，常染色体が44本（22対），性染色体が2本（女性では1対の X 染色体，男性では X 染色体1本と Y 染色体1本）で，合計46本である．

表 4・1　生物種ごとの染色体数の違い

生物種	染色体数（2n）	生物種	染色体数（2n）
ショウジョウバエ	8	ヒ　ト	46
シロイヌナズナ	10	チンパンジー	48
イ　ネ	24	ウ　シ	60
ネ　コ	38	ウ　マ	64
ブ　タ	38	イ　ヌ	78
ハツカネズミ	40	キンギョ	104

4・1・2　ゲノムの大きさと遺伝子の数

　ヒトゲノムは約30億塩基対（base pairs, bp），二倍体で60億 bp である．大腸菌のゲノムは460万 bp，ショウジョウバエのゲノムは1億8000万 bp で，一般的にはゲノム DNA 量は生物の複雑さと相関し，真核生物は DNA 量が多い．しかし，ハイギョでは約1000億 bp など，ヒトよりもはるかに大きなゲノムをもつ下等生

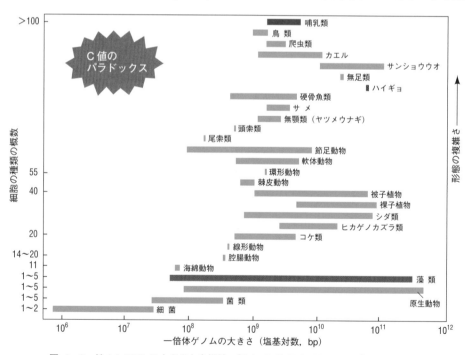

図 4・2　ゲノム DNA の大きさと多様性　[R.A. Raff, T.C. Kaufman, "Embryos, Genes, and Evolution." p.314, Macmillan (1983) より一部改変]

表 4・2　種々の動物におけるゲノムの大きさと遺伝子数 [a]

生　　物	ゲノムサイズ 〔kb[†]〕	遺伝子数
Haemophilus influenzae（細菌）	1,830	1,740
Escherichia coli（大腸菌）	4,639	4,289
Saccharomyces cerevisiae（酵母）	12,070	6,034
Caenorhabditis elegance（線虫）	97,000	19,099
Oryza sativa（イネ）	389,000	～35,000
Arabidopsis thaliana（シロイヌナズナ）	119,200	～26,000
Drosophila melanogaster（ショウジョウバエ）	180,000	13,061
Mus musculus（マウス）	2,500,000	～22,000
Homo sapiens（ヒト）	3,038,000	～21,000

†　kb＝1000 塩基
a) D. Voet, J.G. Voet, C.W. Pratt, "Fundamentals of Biochemistry—Life at the Molecular level", table28-1 より.

物もいる. また, 藻類では近縁種であるのに著しく DNA 量が異なる場合などがある. これを, **C 値のパラドックス**（C-value paradox, C 値とはゲノムサイズのこと）とよぶ（図 4・2）. このようなゲノムサイズの違いは, 長い進化の過程で, 本来二倍体であるものが三倍体や四倍体, あるいはそれ以上の多倍体になって維持されたもので, 多様性を生み出している.

　ヒトの遺伝子は, 約 21,000 個である. 大腸菌は約 4,300 個であるが, ショウジョウバエの約 13,000 個, 線虫の約 19,000 個と比べても著しく遺伝子数が多いわけではない（表 4・2）. ヒトでは, 一つの遺伝子から選択的スプライシング* により多くの種類のタンパク質をつくり出すスプライシングバリアントが多い.

＊ 選択的スプライシングについては §8・4・4 参照.

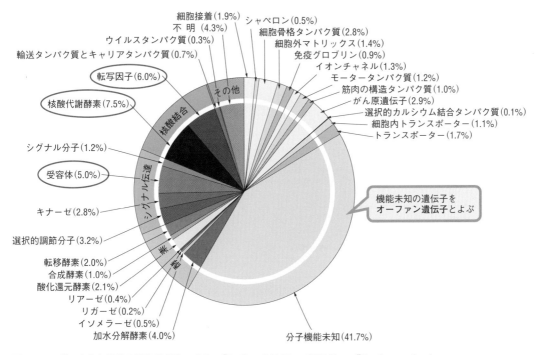

図 4・3　**どのような機能の遺伝子が多いのか**　［D. Voet, J.G. Voet, C.W. Pratt, "Fundamentals of Biochemistry—Life at the Molecular level", fig. 28-3 をもとに作成］

　　ヒトの遺伝子を機能で分類すると，転写因子や複製など核酸の機能に関わる遺伝子，受容体遺伝子などが多い（図4・3）．機能未知の遺伝子も多く，これらは**オーファン遺伝子**とよばれている．

4・2　ヒトゲノムの構成

　　ヒトゲノムの特徴としては以下の点があげられる．
1）遺伝子はエキソンとイントロンからなる
2）遺伝子クラスターの存在
3）高度反復配列～サテライトDNA
4）霊長類特有のトランスポゾン

4・2・1　遺伝子と遺伝子関連配列

　　ヒトの遺伝子は，**転写調節領域**，**エキソン**，**イントロン**で構成される（図4・4）．転写調節領域には，エンハンサーとプロモーター領域が含まれる．遺伝子が転写されるときにはまずmRNA前駆体ができた後，スプライシングによってイントロンが除かれて成熟mRNAがつくられる．エキソンはmRNAになる部分で，ここにはアミノ酸に翻訳される翻訳領域（ORF, open reading frame）と，5′末端と3′末端の非翻訳領域（UTR, untranslated region）が含まれる．イントロンは繰返し配列が

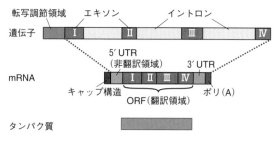

図 4・4　遺伝子の構造

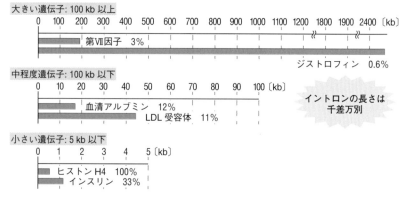

図 4・5　全体の遺伝子におけるエキソンの占める割合　2500 kb という大きなジストロフィン遺伝子から，ヒストン H4 遺伝子のようにわずか 500 bp という小型のものまで遺伝子の大きさは多様である．その差は個々のイントロンの長さと数に負うところが大きい［井出利憲 著，"分子生物学講義中継 part 1"，図 3-9，p.92，羊土社（2002）より］

多い．ゲノムにはイントロンのように機能が特定されていない領域が多く，進化の過程で新たな遺伝子をつくり出すことに寄与するものの，多くはジャンク DNA と考えられていた．しかし，イントロンが mRNA の安定性維持や翻訳効率に関与することや micro RNA として遺伝子の発現を制御することが近年判明してきており，重要性が注目されてきている．

　遺伝子の大きさはイントロンの大きさで決まる（図 4・5）．たとえば 2500 kb の非常に大きなジストロフィン遺伝子においてエキソンが占める割合はわずか 0.6% である．それに対して，中程度の大きさの血清アルブミン遺伝子では 12% である．小さなヒストン遺伝子はイントロンが存在しないユニークな遺伝子である．

4・2・2　クラスターを形成する遺伝子

　似たような機能をもつ遺伝子がゲノムの 1 箇所に集まって存在することを**クラスター形成**とよぶ．クラスターを形成する遺伝子としては，rRNA 遺伝子，ヒストン

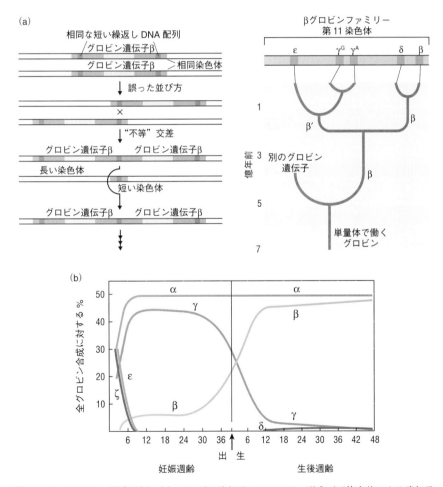

図 4・6　クラスター形成の例　(a) グロビン遺伝子のクラスター形成（不等交差による遺伝子重複）と発現変化．(b) ヒト胎児の発育に伴うグロビン鎖合成の変化〔D.J. Weatherall, J.B. Clegg, "The Thalassaemia Syndromes（3rd ed.），" p.64, Blackwell Scientific Publications（1981）より〕

遺伝子, グロビン遺伝子, ホメオボックス遺伝子などがある. rRNA は, リボソームの構成因子としてタンパク質合成時に多く必要とされることから, いくつかの染色体にわたって複数箇所で rRNA 遺伝子クラスターを形成している. ヒストン遺伝子も DNA 複製時に大量に必要となることから, 5種のヒストン遺伝子が同じ染色体領域に存在し, 連動して発現制御が行われている. このヒストン遺伝子のクラスターは, 進化の過程でもよく保存されている. グロビン遺伝子のクラスターは, 不等交差による遺伝子重複によって形成された (図4・6a). ヒトではβ−グロビンファミリーとして五つの遺伝子が存在するが, それぞれ発生の初期, 胎児期, 生後など発現時期が異なり, 機能も少しずつ異なっている (図4・6b).

4・2・3 高度反復配列

一般的な遺伝子は, 通常全ゲノムの中で1コピーしか存在しない. それに対して rRNA やヒストンなどのようにクラスターを形成してコピー数の多い遺伝子は, **中度反復配列**に分類される. 後述するトランスポゾンも中度反復配列である. さらに, コピー数が非常に多い繰返し配列を**高度反復配列**とよぶ (表4・3). 高度反復配列は**サテライト DNA** とよばれるが, この名称は細胞を破砕し断片化した DNA を塩化セシウムによる平衡密度勾配遠心をしたときに, 主要バンドから離れたところにサテライトバンドがみられることに由来する (図4・7). また繰返し単位の大きさからサテライト DNA, ミニサテライト DNA, マイクロサテライト DNA に分類される (図4・8).

表 4・3 反復配列の種類とゲノムコピー数

DNA の頻度クラス	ゲノムコピー数	例
ユニーク	1	種々の酵素, 卵アルブミンなど多くの遺伝子
中度反復	$10^1 \sim 10^5$	rRNA, tRNA, ヒストンなど
高度反復	$>10^5$	サテライト DNA (セントロメア, テロメアなど)

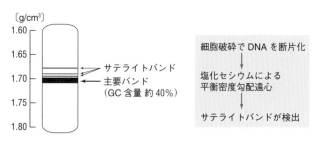

図 4・7 サテライトバンドの検出

サテライト DNA は, 染色体のセントロメアなどのヘテロクロマチンに存在する. このうち, αサテライト DNA は 171 塩基対が反復し, 繰返し配列は数千 kb に及ぶ. この配列特異的に動原体が形成され, そこに紡錘体微小管が結合し, 染色体分配に関与する. ミニサテライト DNA の代表例は, 染色体の端に存在する**テロメア**である. ヒトでは TTAGGG という単位の繰返し配列が数 kb にわたって存在

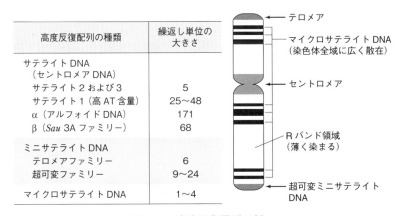

高度反復配列の種類	繰返し単位の大きさ
サテライト DNA（セントロメア DNA）	
サテライト 2 および 3	5
サテライト 1（高 AT 含量）	25～48
α（アルフォイド DNA）	171
β（*Sau* 3A ファミリー）	68
ミニサテライト DNA	
テロメアファミリー	6
超可変ファミリー	9～24
マイクロサテライト DNA	1～4

図 4・8　高度反復配列の例

し，遺伝子の保護や老化，がん化に関わっている．またミニサテライト DNA に分類される超可変ファミリーは，親子鑑定など個体識別に利用される．1985 年 A. Jeffreys らは，α グロビンの遺伝子 DNA 断片のなかに，数回繰返される塩基配列が存在することを発見した．そしてこの繰返しパターンが個人によって異なることが判明し，指紋のように個体識別に使えることが判明した（図 4・9）．マイクロサテライト DNA は，多くが 1～4 塩基の繰返し配列が 10～40 回反復する．非常に変異が起こりやすく，この異常により脆弱 X 症候群，ハンチントン病などの**トリプレット反復病**をひき起こす（表 4・4）．優性遺伝病のハンチントン病では，原因遺伝子ハンチンチン中の CAG（グルタミン）が通常は 9～35 個に対し，37～1000 個も反復している．その結果，不活性なタンパク質が増加し，神経細胞を殺してしまう．

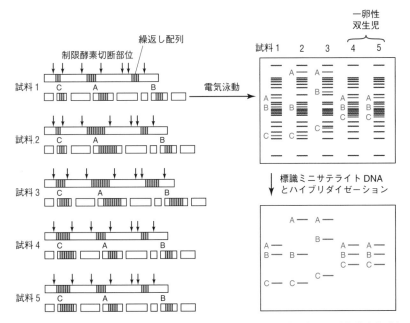

図 4・9　超可変ファミリーを用いた個体識別　［深見希代子，山岸明彦 編，“基礎講義 遺伝子工学Ⅱ”，図 2・5，p.14，東京化学同人（2018）より］

表 4・4　マイクロサテライト DNA の異常による
トリプレット反復病

病　　気	反　復	反復が生じる部位
脆弱 X 症候群	CGG	5′ UTR
筋緊張性ジストロフィー	CTG	3′ UTR
フリードリッヒ運動失調	GAA	イントロン
球脊髄性筋萎縮症	CAG	エキソン
ハンチントン病	CAG	エキソン

> CAG（グルタミン）リピート，不溶性タンパク質が増加し，神経細胞が死ぬ．舞踏病様運動が特徴．

4・2・4　トランスポゾン

　トランスポゾン（転位因子）は，DNA から切り出され，別な場所へ挿入したりするので，"動く遺伝子"，"ジャンプする遺伝子" などともよばれる．突然変異を誘発し，進化の原動力となる．トウモロコシの粒の色の変化がなぜ起こるのかを解析したことがトランスポゾン発見のきっかけになったが，細菌の抗生物質耐性の獲得や，アサガオの花の色や形の変化など多くの形質変換に関わっていることが判明している．

　霊長類では **SINE**（short interspersed nuclear element，代表的なものとして Alu ファミリー），**LINE**（long interspersed nuclear element）などの分散型中度反復配列があり，ヒトではトランスポゾンは全ゲノムの 45% を占めている．ヒトの DNA 検出手段としても使われる．Alu 配列は制限酵素 Alu で切断すると約 280 bp の大きさのバンドが検出され，120 万コピー程度存在する．LINE-1 配列は，全長約 6 kb で 60 万コピー程度存在している（表 4・5）．トランスポゾンが転位することにより，本来の遺伝子の機能が失われることがあり，ヒトではがんや精神疾患発症の原因の一つと考えられている．

表 4・5　ヒトの代表的なトランスポゾン[a)]

反復のタイプ	長　さ〔bp〕	コピー数（×1000）	ゲノム配列中の割合〔%〕
LINE	6000～8000	868	20.4
SINE	100～300	1558	13.1

a) International Human Genome Sequencing Consortium, *Nature*, **409**, 860（2001）.

■ 章 末 問 題

4・1　ヒトゲノムの解読が終了した結果，遺伝子数が予想に反して非常に少ないことが判明した．それまで遺伝子数が多いと考えられていた理由を考えよ．

4・2　遺伝子クラスターを形成していることが知られている遺伝子にはどのようなものがあるか．また，それらの遺伝子はなぜクラスターを形成することになったのか，形成の経緯または必然性を述べよ．

4・3　高度反復配列にはどのようなものがあるか，例をあげて説明せよ．

概要　DNA 複製とは，二本鎖 DNA のそれぞれの DNA 鎖を鋳型とし，それに相補的なデオキシリボヌクレオチドを一つずつ DNA ポリメラーゼにより重合させることで，もとの二本鎖 DNA とまったく同じ塩基配列をもつ新しい二本鎖 DNA を二つつくり出すことをいう．新しい鎖は，必ず 5′ から 3′ の方向に合成される．DNA 複製は生命が生きるうえでの根幹であるため，原核生物，真核生物でその基本的なメカニズムはよく保存され，共通点が多い．

┌─ 行動目標 ─
1. 半保存的複製，半不連続複製など複製に関する重要な語句を説明できる
2. 原核生物のポリメラーゼの種類と役割の違いを説明できる
3. 大腸菌の複製に関わるタンパク質と複製機構を説明できる
4. DNA 複製の正確さがどう保たれているのかを説明できる
5. 真核生物の個々の複製フォークで起こる DNA 複製の基本的な過程について，大腸菌（原核生物）の仕組みとの共通点，相違点を説明できる
6. 真核生物特有の DNA 複製の制御機構について，染色体構造や細胞周期の観点から説明できる

5・1　DNA 複製の全体像

原核生物と真核生物に共通する **DNA 複製** の原則として，次の項目があげられる．

1) 半保存的複製である．
2) 材料は dATP，dCTP，dGTP，dTTP である．

$$[\text{dNMP}]_n + \text{dNTP} \rightarrow [\text{dNMP}]_{n+1} + \text{PPi}$$

dNMP: デオキシヌクレオシド一リン酸

3) DNA ポリメラーゼが合成を担う（5′→3′ 方向に伸長する）．
4) 一本鎖の鋳型を必要とする．
5) 一定の複製開始点から両方向に複製が進む．
6) DNA 複製は，半不連続複製で，合成される一方の鎖では岡崎フラグメントができる（リーディング鎖，ラギング鎖がある）．
7) 複製の開始に RNA プライマーを必要とする．

5・1・1　半保存的複製

1953 年，Watson と Crick は DNA 二重らせん構造を発表したが，その論文のなかで，その構造をもとに DNA の **半保存的複製** を予測している．半保存的複製とは，二本鎖 DNA が二つの一本鎖 DNA に分離し，それぞれが鋳型鎖となって，新生鎖が合成されるというものである．

当時，半保存的複製以外の機構として，二本鎖 DNA が分離せずそのまま鋳型として働く "保存的複製" と，ランダムに鋳型鎖に新生鎖が入り込んでいく "分散的複製" が想定された．Meselson と Stahl は，大腸菌を $^{15}\text{NH}_4\text{Cl}$ を含む培地で長時間培養した後，$^{14}\text{NH}_4\text{Cl}$ を含む培地に移し，大腸菌が 1 回分裂する 20 分後と 2 回分裂する 40 分後に回収して DNA を抽出した．この DNA について平衡密度勾配遠心を行ったところ，比重の小さい DNA のバンドが順次現れることを明らかにし，半保存的複製であることを実証した（図 5・1）．

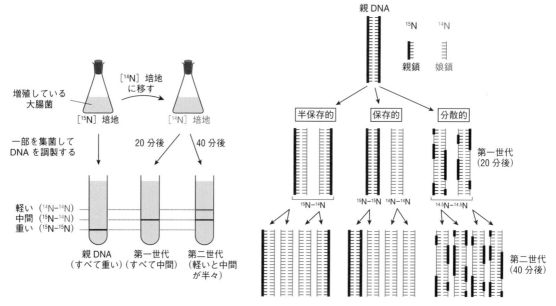

図 5・1 DNA 複製が半保存的であることを示すメセルソン・スタールの実験

5・1・2 DNA 複製は DNA ポリメラーゼが触媒し，鋳型を必要とする

DNA 複製では，鋳型鎖の塩基に相補的なデオキシリボヌクレオチド（dATP, dCTP, dGTP, dTTP）が一つずつ新生鎖の 3′ 末端に付加され，二リン酸が放出される．このように合成は常に 5′ から 3′ の方向に行われる．この反応は **DNA ポリメラーゼ**（DNA 合成酵素）が触媒している（図 5・2）．

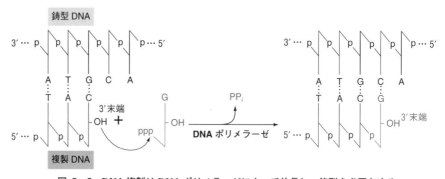

図 5・2 DNA 複製は DNA ポリメラーゼによって伸長し，鋳型を必要とする

5・1・3 複製フォークと両方向複製

原核生物ではゲノム DNA は環状で，複製が始まる**複製開始点**（*Ori*）は 1 箇所である．DNA 複製の過程で 2 本の鎖が分離して複製が行われている部位を**複製フォーク**とよび，複製開始点から両側に進む**両方向複製**である（図 5・3）．両方向複製であることは，弱く放射性同位体標識した DNA を強く放射性同位体標識した

デオキシリボヌクレオチド存在下で短時間複製させると，複製フォークが両側に観察されることから証明された．なお，真核生物では複製開始点は複数ある（§5・3・2参照）．

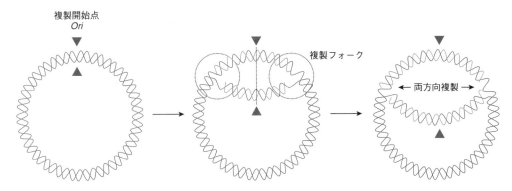

図 5・3　原核生物の DNA 複製は一定の複製開始点からの両方向複製である

5・1・4　半不連続複製と岡崎フラグメント

複製開始点から複製フォークが両側に進んでいくとき，一方の鎖では複製フォークの進行方向と DNA の複製方向が一致するため，連続した長い新生鎖が合成される．この鎖を**リーディング鎖**とよぶ．しかし，もう一方の鎖（**ラギング鎖**とよぶ）では複製フォークの進行方向と DNA の複製方向が一致しないため，二本鎖が分離している範囲で何度も断続的に新生鎖を合成する必要があり，短い断片しかつくることができない．このように DNA 複製は**半不連続複製**であり，ラギング鎖で不連続に形成される短い断片を，発見者の名にちなんで**岡崎フラグメント**とよぶ．図

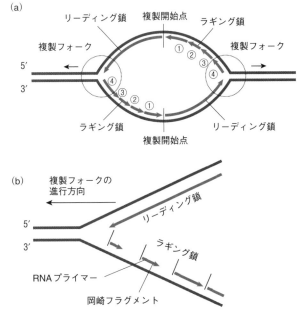

図 5・4　DNA 複製における半不連続複製　(a) リーディング鎖とラギング鎖．岡崎フラグメントの生成順を①〜④で示す．(b) DNA 複製には RNA プライマー（━）が必要である．

5・4（a）に，岡崎フラグメントが形成される順番を①〜④の数字で示す．また複製の開始には，RNA プライマーを必要とするため，ラギング鎖では RNA プライマーが何度も合成される（図5・4b）．

5・2 原核生物の DNA 複製

DNA 複製の分子機構が最初に解明された大腸菌について概説する．

5・2・1 DNA ポリメラーゼ I の三つの活性とおもな機能

DNA ポリメラーゼは，DNA を鋳型として相補的な DNA 合成を行う酵素であり，DNA 複製や DNA 修復において重要な役割を担っている．すべての DNA ポリメラーゼは，一本鎖 DNA 鋳型上で**プライマー**を 5′→3′ 方向へと伸長する活性をもっている．原核生物のおもなポリメラーゼを表5・1に記した．ポリメラーゼ I（Pol I）は，1957年 A. Kornberg によって初めて見いだされたポリメラーゼである．しかし，Pol I がなくても生存する生物が存在することから，他のポリメラーゼが探索され，Pol II，Pol III が発見された．代謝回転数からわかるように，複製に関わるおもな DNA ポリメラーゼは Pol III である．なお，Pol II は DNA 修復に関与する．

表 5・1　原核生物の DNA ポリメラーゼの種類と性質[a]

	Pol I	Pol II	Pol III
分子質量〔kDa〕	103	90	130
細胞当たりの分子数	400	?	10〜20
回転数[†]	600	30	9000
構造遺伝子	*polA*	*polB*	*polC*
条件致死変異株の有無	+	−	+
ポリメラーゼ活性（5′→3′）	+	+	+
3′→5′ エキソヌクレアーゼ活性	+	+	+
5′→3′ エキソヌクレアーゼ活性	+	−	−

（9000 に「合成速度が速い」の注記）

[†] 37°C における酵素 1 分子当たり，1 min 当たりの反応回数．
[a] A. Kornberg, T.A. Baker, "DNA Replication (2nd Ed.)," p.167, Freeman (1992).

Pol I は，ポリメラーゼ活性のほか，3′→5′ エキソヌクレアーゼ活性，5′→3′ エキソヌクレアーゼ活性の三つの活性をもっている．エキソヌクレアーゼとは，DNA 鎖の端から分解する酵素をいう．Pol I の重要な機能の一つは，複製時に 3′ 末端に間違ったヌクレオチドを結合した場合に，これを切り離し，正しいヌクレオチドに置き換える**校正機能**である．校正機能は 3′→5′ エキソヌクレアーゼ活性を用いて行われ，DNA 複製の正確さを保つのに重要な役割を果たしている．また Pol I は，複製の初期に用いられた RNA プライマーを除去し，DNA に置き換える機能をもつ．5′→3′ エキソヌクレアーゼ活性で RNA プライマーが除去され，ポリメラーゼ活性によってその部分の DNA が合成される（図5・5）．

Pol I のポリメラーゼ活性と 3′→5′ エキソヌクレアーゼ活性は，大腸菌 Pol I の**クレノウ断片**として遺伝子工学分野で利用される．たとえばある目的遺伝子をプラ

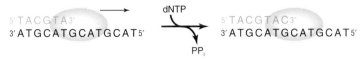

(a) DNA ポリメラーゼ活性

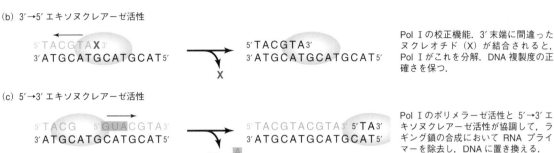

(b) 3′→5′ エキソヌクレアーゼ活性

Pol Ⅰの校正機能. 3′末端に間違ったヌクレオチド (X) が結合されると, Pol Ⅰがこれを分解. DNA 複製度の正確さを保つ.

(c) 5′→3′ エキソヌクレアーゼ活性

Pol Ⅰのポリメラーゼ活性と 5′→3′ エキソヌクレアーゼ活性が協調して, ラギング鎖の合成において RNA プライマーを除去し, DNA に置き換える.

図 5・5 DNA ポリメラーゼ Ⅰ (Pol Ⅰ) の三つの活性とおもな機能

スミドAからプラスミドBに移し替えたいときに, それぞれのプラスミドがもつ制限酵素部位が一致しないことはよくある. そのときに付着末端をポリメラーゼ活性あるいは 3′→5′ エキソヌクレアーゼ活性で平滑化すると, 平滑末端の制限酵素切断部位に入れることができる (図5・6).

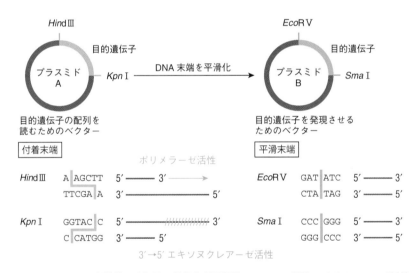

図 5・6 クレノウ断片の遺伝子工学的な利用価値 クレノウ断片にはポリメラーゼ活性と 3′→5′ エキソヌクレアーゼ活性がある. たとえばプラスミド上の目的遺伝子を別のプラスミドに移したいとき, 制限酵素が一致しなければクレノウ断片を用いて切断部位を平滑化することでつなげることができる.

5・2・2 DNA ポリメラーゼⅢ (Pol Ⅲ) の構造と機能

Pol Ⅲは, DNA 複製に関与する主要な複製酵素 (DNA レプリカーゼ) である. Pol Ⅲは 10 種類のサブユニットからなる巨大複合体であり, Pol Ⅲホロ酵素とよばれている (図5・7). コア酵素部分は, DNA ポリメラーゼ活性をもつ α サブユニットと 3′→5′ エキソヌクレアーゼ活性をもつ ε サブユニットなどで構成され, 二つ

のコア酵素は τ サブユニットによって二量体を形成し，それぞれが同時にリーディング鎖またはラギング鎖の合成を行う．γδ 複合体は，β サブユニット（クランプ）を DNA に結合させるクランプローダー（クランプ装着器）としての機能をもつ．

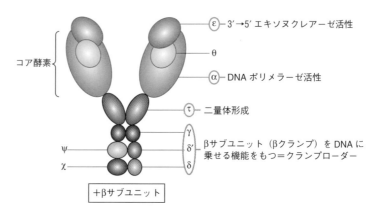

図 5・7　DNA ポリメラーゼ Ⅲ（Pol Ⅲ）のサブユニット構成　コア酵素二つは τ によって二量体を形成し，それぞれリーディング鎖，ラギング鎖の合成を同時に行う．

5・2・3　複製フォークで働く DNA 複製関連タンパク質群と役割

　DNA 複製が行われる複製フォークでは，以下のタンパク質が連動して，リーディング鎖とラギング鎖の合成を同時に行っている（図 5・8）．

・DNA 複製開始タンパク質（DnaA）：複製開始点に結合し，二本鎖をほどく．
・DNA ヘリカーゼ（DnaB）：二本鎖 DNA を一本鎖に巻戻す．
・SSB（single strand DNA binding protein，一本鎖 DNA 結合タンパク質）：巻戻された一本鎖 DNA に結合する．

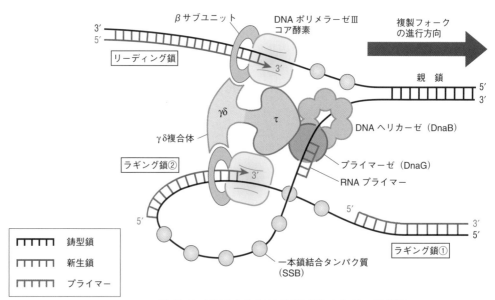

図 5・8　原核生物の DNA 複製に関与するタンパク質群

- ・プライマーゼ（DnaG）: RNAプライマーを合成する.
- ・Pol IIIコア酵素: DNA複製をおもに担う.
- ・Pol I: RNAプライマーを除去し，DNA複製時の誤り（エラー）を校正する.
- ・DNAリガーゼ: DNA断片とDNA断片をつなぐ（ニックをつなぐ）.
- ・DNAトポイソメラーゼ: 複製の過程で生じるDNAのねじれ（超らせん）を解消する.
- ・βサブユニット（クランプ）: DNAにポリメラーゼをつなぎとめ，Pol IIIの連続移動を可能にする（図5・9）.
- ・γδ複合体（クランプローダー）: クランプをDNAに結合させる.

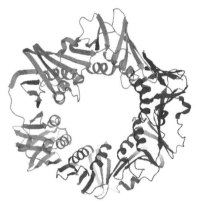 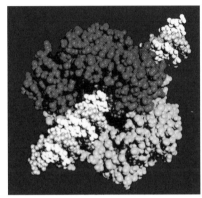

図 5・9　Pol IIIホロ酵素のβサブユニットのX線構造　DNA鎖を囲み，Pol IIIを引きよせてDNA鎖を移動する［John Kuriyan, The Rockefeller University による. PDBid 2POL］

5・2・4　DNA複製の過程

DNA複製の過程を順番にあげると以下のようになる.

① **複製の開始**: 複製開始点（*OriC*）配列に，複製開始タンパク質（DnaA）が結合し，二本鎖をほどく. *OriC* は大腸菌では245 bp領域で，解離しやすいATに富んだ繰返し配列三つと，DnaAが結合する *dnaA* ボックス（TTATCCACA）が五つ存在している.

② **DNA巻戻し**: DNAヘリカーゼ（DnaB）が二本鎖DNAを両方向に巻戻し，複製フォークを進める. ほどき続けるにはトポイソメラーゼを必要とする.

③ **一本鎖の維持**: DNAヘリカーゼがほどいた一本鎖DNAが再結合しないように一本鎖結合タンパク質（SSB）が結合し，一本鎖DNAを安定化する.

④ **プライマーの合成**: DNA合成は，リーディング鎖とラギング鎖のいずれもRNAプライマーの合成から始まる. RNAプライマーを合成するプライモソームは，DNAプライマーゼ（DnaG）とDNAヘリカーゼ（DnaB）などを含む600 kDaのタンパク質集合体である.

⑤ **DNA合成**: βサブユニットがDNAに装着されると，Pol IIIホロ酵素のコアはβサブユニットに強く結合して，リーディング鎖とラギング鎖の合成がほぼ同時に進行する. RNAプライマーはRNアーゼまたはPol Iの5′→3′エキソヌクレアーゼ活性により除かれ，生じた隙間はDNAポリメラーゼIが

DNA鎖を伸長して埋める．ラギング鎖を合成しているDNAポリメラーゼは岡崎フラグメントの合成が完了すると，新たに合成されたプライマーの末端に結合したβサブユニットに移動して再び短鎖DNAの合成を開始する．βサブユニットはPol Ⅲの連続移動性を可能にする．

⑥ **DNA断片の連結**： 岡崎フラグメント間の切れ目（ニック）は，DNAリガーゼで連結される．

⑦ **超らせんの制御**： DNAトポイソメラーゼは，DNA鎖がもつれるのを防止する．

⑧ **複製の終結**： 大腸菌の複製は7個の複製終結点が並んだ350 kb領域で終結する．この領域は *OriC* の反対側にあって，約23 bpの非回文配列をもつ *TerE*, *TerD*, *TerA* の3個（図では反時計回りに進んだ複製フォークの終結点）と逆向きの *TerG*, *TerF*, *TerB*, *TerC*（時計回りに進んだ複製フォークの終結点）が向かい合って位置する（図5・10）．

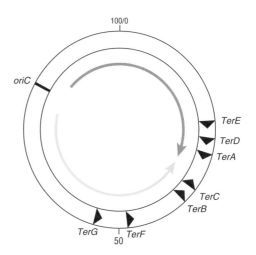

図 5・10　大腸菌の *Ter* を示す染色体地図

5・2・5　DNA複製の高度な正確さはどう保たれているのか

大腸菌Pol ⅠおよびPol ⅢのDNAポリメラーゼ反応によるエラー頻度は10^6〜10^7塩基対に1個である．しかし，大腸菌における実際の変異発生率はこれよりも低く，10^8〜10^{10}塩基対当たり1個である．このようにエラー頻度を減らしてDNA複製の正確さを高度に保つために，以下のようないろいろな仕組みがある．

1) Pol ⅠおよびPol Ⅲの3′→5′エキソヌクレアーゼ活性による校正機能．
2) 不適正塩基修正酵素など，新生DNAの間違いを修復する修復システム．
3) ミスが起こりやすい複製初期にはRNAプライマーを用い，後でDNAに置き換える．
4) 4種のdNTP濃度がバランスよく保たれている．
5) dNTP–鋳型間の塩基対合が正しいかを，ポリメラーゼタンパク質のコンホメーション変化により厳重に制御している．

5・3　真核生物のDNA複製

　真核生物におけるDNA複製は，最初に述べたように大腸菌と基本は同じであるが，より複雑であり，厳密な制御を受けている．

5・3・1　真核生物の多様なDNAポリメラーゼ

　原核生物である大腸菌では，先にあげた3種類以外に2種類（いずれも損傷乗り越えDNA合成）のDNAポリメラーゼが発見されている．真核生物のDNAポリメラーゼは原核生物よりもさらに多様性に富んでおり，これまでに15種類が発見されていて，それぞれの名称には原則としてギリシャ文字が当てられている（DNAポリメラーゼ $\alpha \sim \nu$，以下 Polα，Polβ などと表記する）．原核生物と真核生物のDNAポリメラーゼの間には，ある程度のアミノ酸配列や立体構造上の類似性があり，まとめていくつかの遺伝子ファミリー（A，B，C，X，Y，RT）に分類されている（表5・2）．真核生物のDNA複製ではPolα，Polδ，Polϵ の3種が中心的役割を担っているが，これらはBファミリーに所属しており，大腸菌ではPol II が同じファミリーである．なお，大腸菌 Pol III の構成成分にも α，δ，ϵ などのサブユニットがあるが，真核生物のPolα，Polδ，Polϵ とは異なる．以下，真核生物のDNA複製における各種ポリメラーゼの役割について述べる．

表 5・2　多様な DNA ポリメラーゼ

遺伝子ファミリー	DNA ポリメラーゼ	生物種	おもな役割
A	Pol I	大腸菌	岡崎フラグメントの成熟，DNA 修復
	Pol γ	真核生物	ミトコンドリア DNA 複製
	Pol θ	真核生物	DNA 二本鎖切断の修復
	Pol ν	真核生物	損傷乗り越え DNA 合成
B	Pol II	大腸菌	DNA 修復
	Pol α, δ, ϵ	真核生物	核ゲノム DNA 複製
	Pol ζ	真核生物	損傷乗り越え DNA 合成
C	Pol III	大腸菌	DNA 複製
X	Pol β	真核生物	塩基除去修復
	Pol λ, μ	真核生物	損傷乗り越え DNA 合成
Y	Pol IV, V	大腸菌	損傷乗り越え DNA 合成
	Pol η, ι, κ, Rev1	真核生物	損傷乗り越え DNA 合成
RT	テロメラーゼ	真核生物	テロメア DNA 合成

a. DNA ポリメラーゼ α/ プライマーゼは複製開始に必要である

　Polα は四つのサブユニットからなる複合体であるが，DNA 合成を行うポリメラーゼサブユニットに加えて，**RNA プライマー**を合成するプライマーゼサブユニットを含んでいるため，**Polαプライマーゼ**ともよばれている．他のほぼすべてのポリメラーゼがプライマーや合成中の DNA 鎖の 3′ 末端に塩基を重合することしかできないのに対して，Polα は一本鎖 DNA を鋳型にして新規に RNA プライマーを合成することができる．そのため，リーディング鎖およびラギング鎖ともに，複製開始時における最初のプライマー合成は Polα が行う（図5・11a）．ラギング鎖

では DNA 複製が不連続的に起こるが，このとき複製フォークの進行に伴い 1 秒間に 1 個のペースでプライマーが次々と合成されていく．しかし，Polα による DNA 合成の伸長性はあまり高くなく，10 塩基程度の RNA プライマーを合成した後，20 塩基程度の DNA 鎖を伸長し，約 30 塩基の長さを合成したところで役割を終える．Polα は，後述の Polδ や Polε とは違って 3′→5′ エキソヌクレアーゼ活性をもっておらず，誤った塩基を取込んだ場合に校正する機能がないため，比較的エラーの頻度が高い（10^{-4}〜10^{-5} 程度）．Polα によって合成される DNA があまり長くないことは，DNA に変異が蓄積するのを防ぐという生理的意義があると考えられている．

b. DNA ポリメラーゼ ε はおもにリーディング鎖の合成を行う

Polε は四つのサブユニットからなる複合体であり，Polδ と同様に，ポリメラーゼ活性と 3′→5′ エキソヌクレアーゼ活性をもっている．Polδ と異なる点は，後述の PCNA と結合せず単独の状態でも数千塩基以上の DNA 合成能力をもっていることや，エキソヌクレアーゼ活性が 3′ 末端から 1 塩基ずつ削り取る活性ではなく，数塩基ずつ切り出すことなどである．DNA 合成におけるエラーの頻度は 10^{-6}〜10^{-7} 程度であり，Polδ と同程度の正確さである．

Polε はおもにリーディング鎖合成を担っていると考えられている（図 5・11b）．リーディング鎖においても最初のプライマー合成は Polα が行うが，その後は Polε が複製フォークの進行と同じ方向で連続的に DNA 合成を行う．隣の複製開始領域から逆向きに進行してきた複製フォークと衝突すると，複製終結反応が起こり複製完了となる．

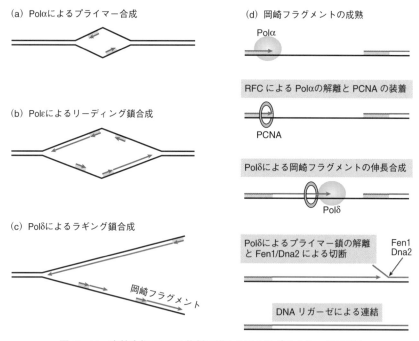

（a）Polα によるプライマー合成

（b）Polε によるリーディング鎖合成

（c）Polδ によるラギング鎖合成

岡崎フラグメント

（d）岡崎フラグメントの成熟

Polα

RFC による Polα の解離と PCNA の装着

PCNA

Polδ による岡崎フラグメントの伸長合成

Polδ

Polδ によるプライマー鎖の解離と Fen1/Dna2 による切断

Fen1
Dna2

DNA リガーゼによる連結

図 5・11　真核生物の DNA 複製に関わる三つのポリメラーゼの役割と岡崎フラグメント成熟の仕組み

c. DNAポリメラーゼδはおもにラギング鎖の合成を行う

Polδは三つのサブユニットからなる複合体であり，ポリメラーゼ活性と$3' \to 5'$エキソヌクレアーゼ活性をもっている．Polδ単独では数塩基程度しか合成できないが，**PCNA（増殖細胞核抗原）**という補助因子と結合することによって格段に合成能力が向上し，数百塩基以上のDNA合成が可能となる．エキソヌクレアーゼ活性は，誤った塩基（たとえば，鋳型がアデニンのときにシトシンやグアニンなど）を取込んだ際に，塩基対形成のミスマッチを認識して削り取る．この校正機能のおかげでPolδによるDNA合成はPolαよりも10〜1000倍程度正確である（エラーの頻度は$10^{-6} \sim 10^{-7}$程度）．

PCNA: proliferating cell nuclear antigen

Polδはおもにラギング鎖の合成を担っていると考えられている（図5・11c）．Polαがプライマー合成を行った後，**RFC（複製因子C）**がPolαを解離させてPCNAを鋳型DNA上のプライマー末端部へ装着する（図5・11d）．その後PolδがPCNAに結合してラギング鎖の伸長を行う．大腸菌ではクランプローダーがβクランプをプライマー末端に装着し，そこへPol Ⅲが結合してDNA合成を行うが，真核生物ではRFCがクランプローダー，PCNAがβクランプに相当する役割を担っている．実際，PCNAはβクランプと非常によく似たリング状構造をとり，リング内部に二本鎖DNAを通過させる．

RFC: replication factor C

原核生物の岡崎フラグメントは1000塩基程度まで伸長するが，真核生物では100〜200塩基程度と非常にサイズが小さい．真核生物の染色体DNAはヌクレオソーム構造（第3章参照）をとるため，それによって長さが制限されていると考えられている．岡崎フラグメントの伸長が進んで，先に合成されていたプライマーに到達すると，Polδはその先行プライマーのRNA部分を鋳型DNAから解離させる．その後，このプライマーRNAはエンドヌクレアーゼである**Fen1**と**Dna2**によって切り取られ，生じた隙間をPolδがDNA合成して埋める．そして，最後に**DNAリガーゼ**が二つの岡崎フラグメントを連結する（この過程を"岡崎フラグメントの成熟"とよぶ）．原核生物では，Pol Ⅰが$5' \to 3'$エキソヌクレアーゼ活性によって先行プライマーのRNAを分解しながら，DNA合成を行うが，真核生物には$5' \to 3'$エキソヌクレアーゼ活性をもつDNAポリメラーゼは存在しない．

d. ほかにもさまざまなDNAポリメラーゼが存在する

真核生物は，Polα，Polδ，Polε以外に10種類以上のDNAポリメラーゼをもっている．それらの役割について簡単に紹介しておく．紫外線や化学物質などの変異原はDNA構造を変化させてDNA損傷を誘導するが，Polα，Polδ，Polεなど通常のDNA複製過程で働く複製型ポリメラーゼは，DNA損傷をもつ鋳型鎖を複製することができない．**損傷乗り越えポリメラーゼ**（TLSポリメラーゼ）は，損傷部位に対して適当な塩基を付加してDNA合成を行う能力をもっており（損傷乗り越え合成とよぶ），停止した複製型ポリメラーゼと交替して働くと考えられている（図5・12）．損傷乗り越えポリメラーゼの例として，Yファミリーに所属するPolη，Polι，Polκ，Rev1や，Bファミリーに所属するPolζなどがあるが，乗り越えできる損傷の種類など，それぞれの性質は多少異なる．

TLS: translesion DNA synthesis

ほかにもAファミリーに属するPolγ，θ，νやXファミリーに属するPolβ，λ，

μ などがあり，Polγ 以外は損傷乗り越え合成を行うことが知られている．Polγ は
ミトコンドリア DNA の複製，Polθ は二本鎖 DNA 切断の修復，Polβ は塩基除去修
復に関わっている．RT ファミリーに属するテロメラーゼについては，§5・3・5
で説明する．

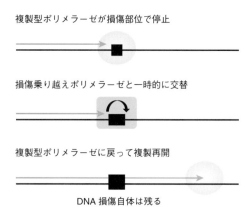

図 5・12　損傷乗り越えポリメラーゼによる DNA 合成

5・3・2　マルチレプリコン

a. 真核生物の染色体はマルチレプリコンで成り立っている

　原核生物である大腸菌のゲノム DNA は環状であり，一つの**複製起点**（複製開始
点）から二つの複製フォークが形成されて逆向きに進行し，複製終結点で衝突して
複製が完了する．このように一つの複製起点によって複製される単位を**レプリコン**
とよび，大腸菌の場合は単一レプリコンで複製されるということになる．

　一方，真核生物のゲノム DNA は直線状であり，ゲノムサイズは生物種によって
異なるが，ほとんどの場合，原核生物に比べてはるかに大きく，染色体が複数存在
する．また，真核生物の複製フォークは原核生物に比べて 10〜20 分の 1 程度の速
度でしか進まないため（1 秒間に 50〜100 塩基と見積もられている），もし一つの
複製起点だけで真核生物のゲノム DNA 全体を複製しようとすると，複製完了まで
に何日もかかってしまう．実際には，真核生物の染色体上には多数の複製起点が存
在し，複製は**マルチレプリコン**により成り立っている（図5・13）．一つのレプリ
コンで複製される染色体領域の大きさ（レプリコンサイズとよぶ）は，生物種や細
胞種によってさまざまであるが，ヒト細胞の場合はだいたい 100〜300 kb である．
このサイズであれば，短ければ十数分，長くとも 1 時間半程度で一つのレプリコン
の複製を完了できる．ヒト細胞は，ゲノム DNA 全体の複製を約 8 時間で完了する
が，マルチレプリコンでなければ不可能な速さである．

b. S 期内での複製起点活性化のタイミングは，厳密に制御されている

　真核生物が原核生物と大きく違うことの一つは，**細胞周期制御**が存在すること
であり，真核生物の DNA 複製は S 期でしか起こらない．しかし，レプリコン内の複
製起点活性化のタイミングには差があり，S 期内の初期，中期，後期にそれぞれ複
製されるレプリコンが存在する（図5・13）．レプリコンの複製タイミングは，周

辺に存在する遺伝子の転写状態やクロマチン構造（ユークロマチンかヘテロクロマ
チンか），核内での局在（核の内部か核膜周辺か）などによって複雑に制御される
と考えられている．一般的には，ユークロマチン領域のレプリコンはS期初期に
複製され，ヘテロクロマチンは後期に複製される傾向がある．

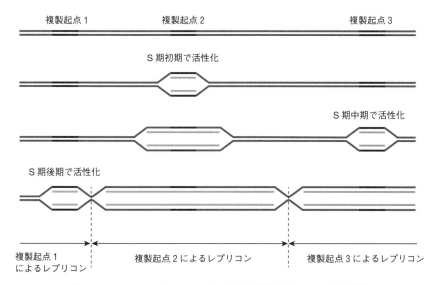

図 5・13　マルチレプリコンによる真核生物染色体のDNA複製制御

　複製タイミングにかかわらず，一度複製されたレプリコンは未複製のものとは状
態が異なっており，同じ細胞周期内でもう一度複製されることはない．真核生物の
染色体の複製は1回の細胞周期で1回限りである．これを保証しているのが複製ラ
イセンシング機構である．

5・3・3　DNA複製開始の制御機構（複製ライセンシング）

　複製ライセンシング（あるいは**複製ライセンス化**）とは，複製にライセンス（許
可）を与えるという意味であり，この概念はもともと，異なる細胞周期の時期にあ
る細胞どうしを融合するという実験の結果から導き出された．**細胞周期**は，**G_1期**
（DNA合成準備期），**S期**（DNA合成期），**G_2期**（分裂準備期），**M期**（分裂期）
の四つの時期に分けられる（図5・14）．G_1期の細胞をS期の細胞と融合すると，
G_1期の核は即座にDNA複製を開始し，S期の核はそのまま複製を続ける．一方，
G_2期細胞をS期細胞と融合した場合，S期核は複製を続けるが，G_2期核は複製を
開始しない．これらのことから，1) S期細胞の細胞質には，G_1期核に働きかけて
S期進行を促進する因子が存在すること，2) 一度複製されたG_2期核は，同じ細胞
周期内では再複製しないように制御されていること，3) 一度複製された核が新た
に複製されるためにはM期を通過する必要があることなどがわかった．そこで，
これらの現象を説明するため，複製開始に必要な複製ライセンス因子というものが
存在するのではないかと想定された．ライセンス因子はM期が終わると染色体に
結合してG_1期核を複製可能な状態にする（複製ライセンス化する）が，複製開始

によって消費されるため，G_2 期核は再複製されることはない．その後の研究で，ライセンス因子の働きに合致する分子群が同定され，複製ライセンシング機構が実際に存在することが明らかにされた．

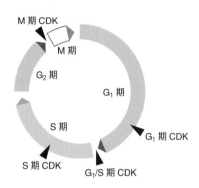

図 5・14　真核生物の細胞周期制御

a. 複製ライセンシングの実体は，複製起点における複製開始前複合体の形成である

真核生物の複製起点の DNA 配列は，生物種によってさまざまである．出芽酵母では 11 bp の共通配列をコアとする 100 bp 超の ARS 配列（自律複製配列）が複製起点として働くことがわかっているが，他のほとんどの真核生物では明確な共通配列は存在せず，AT 含量が豊富であるかどうかや周囲のクロマチン構造の状況などから複製起点が決まると考えられている．酵母では約 1000 個，ヒトでは数万個の複製起点が存在する．複製起点の DNA 配列に共通点はないが，そこで働くタンパク質因子は真核生物でほぼ共通である．

複製起点には **ORC 複合体**（origin recognition complex，Orc1〜Orc6 からなる六量体）が細胞周期を通して結合している．M 期の終わりから G_1 期では，**Cdc6** および **Cdt1** という 2 種類の因子が発現して ORC と結合し，**MCM 複合体**（mini-chromosome maintenance protein complex，Mcm2〜Mcm7 からなる六量体）をよびこんで，複製起点上に ORC-Cdc6-Cdt1-MCM からなる**複製開始前複合体**（**pre-RC**）が形成される（図 5・15b）．pre-RC は複製開始に必須であり，S 期〜M 期の終わりまでの間は新たに形成されないことから，想定されていた複製ライセンシング機構を実現するものであり，ORC，Cdc6，Cdt1，MCM を合わせて複製ライセンス因子とよぶ．

pre-RC: pre-replicative complex

pre-RC の構成因子のうち MCM 複合体だけは複製開始後も複製進行に必要とされる．MCM 複合体の構造はリング状であり，他の補助因子と結合すると二本鎖 DNA のらせん構造を巻戻す**ヘリカーゼ**として働くが，pre-RC 形成の段階では不活性化状態である．

b. 複製開始前複合体から複製フォークとレプリソームができる

CDK: cyclin dependent kinase

真核生物の細胞周期の進行は**サイクリン**と**サイクリン依存性キナーゼ**（**CDK**）によって制御されている（図 5・14 参照）．サイクリンにはさまざまな種類が存在し，働く時期によって G_1 期サイクリン，G_1/S 期サイクリン，S 期サイクリン，M 期サイクリンに分類されている．サイクリンが結合すると CDK のキナーゼ活性

（リン酸化酵素活性）が上昇し，標的となるタンパク質のリン酸化を促進することで，DNA 複製や細胞分裂などの細胞周期の各時期に起こる現象を制御する．ここでは，S 期サイクリンや M 期サイクリンと結合した CDK を，それぞれ S 期 CDK，M 期 CDK のように表記することにする．先に述べた細胞融合の実験から，S 期細胞質には G_1 期核を S 期へ進行させる活性があることが示唆されていたが，S 期 CDK がその役割を果たすことがわかっている．

　細胞周期が S 期へ進行すると，**S 期 CDK** ともう一つ別のリン酸化酵素である **Cdc7** の働きにより，複製起点上にある pre-RC が活性化されて**複製フォーク**と複製装置である**レプリソーム**が形成される（図 5・15c〜e）．この過程において，pre-RC 構成因子であった MCM 複合体は，**Cdc45** および **GINS** と結合して **CMG**（**Cdc45–MCM–GINS）複合体**を形成する．CMG 複合体にはヘリカーゼ活性があり，リーディング鎖の鋳型上を 3′→5′ 方向に移動しながら二本鎖の巻戻しを行う．CMG 複合体により解き開かれた一本鎖 DNA を鋳型として，Polα がプライマーを合成し，つづけてラギング鎖では Polδ，リーディング鎖では Polε が DNA 鎖を伸長合成することは先に述べたとおりである．複製過程で一時的に生じる一本鎖 DNA は，大腸菌では SSB が結合して安定化するが，真核生物では **RPA**（replication protein A）がその役割を担っている．CMG 複合体や DNA ポリメラーゼ以外にも多くのタンパク質が複製フォークで働いており，レプリソームとは，これらの集合体をさす．

(a) G_2 〜 M 期

(b) M 〜 G_1 期：複製ライセンシング（pre-RC 形成）

(c) S 期：S 期 CDK と Cdc7 の働きによる複製開始
　　因子群の集合（pre-RC から pre-IC へ）

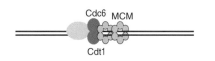

(d) S 期：複製開始による複製フォークの形成

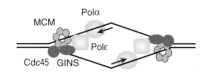

(e) S 期：レプリソームによる DNA 複製

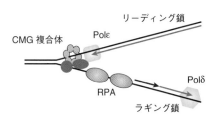

図 5・15　真核生物の DNA 複製開始制御（複製ライセンシングから複製フォーク形成まで）　　**pre-IC**：pre-initiation complex

c. 再複製を阻止する仕組みは多重に存在する

　S 期で複製起点が一度活性化されると，pre-RC を構成していた MCM 複合体は CMG 複合体へと変換されて，複製フォークの先頭に立って複製起点からは遠ざかっていくため，同じ複製起点に再び pre-RC が形成されないかぎりは 2 度目の複製開始は起こらない．複製開始後の複製起点には ORC が結合し続けるが，Cdt1 や

Cdc6 は S 期 CDK によりリン酸化されて，不活性化あるいは不安定化されるため，新たに MCM 複合体をよびこむことはできない．加えて，高等真核生物では S 期から G_2 期にかけて **Geminin** というタンパク質が発現し，Cdt1 の働きを阻害する．実際に，Cdt1 や Cdc6 を G_2 期で過剰に発現させたり，Geminin の働きを抑制したりすると，pre-RC の再形成および再複製が起こることが知られている．このように一度活性化した複製起点から再び複製開始することを禁止するいくつかの仕組みが存在する．1000〜数万個におよぶ複製起点のうちほんの少しでも再複製が起こると，DNA 構造が複雑化し，染色体切断による遺伝情報の喪失などのリスクが高まる可能性があるため，再複製は厳重に抑制されていると考えられる．

5・3・4　複製に関与する他の因子

a. 複製進行を阻害するとさまざまな複製ストレス応答が起こる

　DNA 複製の進行を阻害する要因はさまざまな種類のものがあるが，一括して**複製ストレス**とよばれ，それに対する応答反応もまた多岐にわたる．複製ストレスの代表的なものは DNA 損傷で，紫外線，化学物質などの外的な要因や，酸素呼吸で生じる活性酸素（ROS）などの内的な要因によって日常的に生じる．ほかに，強固に DNA 結合しているタンパク質，活発な転写の起こる領域に存在する転写装置，DNA の反復配列やパリンドローム配列がとる二次構造，ヘテロクロマチン構造，DNA 合成材料であるヌクレオチド基質の濃度低下などが複製ストレスになりうる．一般に，複製ストレスによって複製フォークの進行が阻害されると，**複製チェックポイント機構**が活性化することが知られている．チェックポイント機構とは，細胞周期の進行過程である時期に起こるべき現象が未完了である場合に，次の時期への進行を抑制する仕組みのことである．たとえば，G_1/S チェックポイントでは，細胞が複製開始するのに十分な大きさであるか，環境中の栄養源が十分であるか，DNA 損傷が存在しないかといった点が検知され，不十分であると S 期への進行を止めるという具合である．複製チェックポイントは，DNA 複製が中断された場合に活性化され，未複製の染色体領域が存在する状態での G_2/M 期への進行を止める役割がある．

　複製進行が阻害されたとき，複製フォークのどのような状態が検知されて，どのようにして細胞周期の進行を停止させるのだろうか？ §5・3・1d では鋳型 DNA 上に損傷部位が存在すると，Polα，Polδ，Polε などの複製型ポリメラーゼが停止して，損傷乗り越えポリメラーゼとの交替が起こることを述べた．ポリメラーゼの交替は必ずしもすべての複製ストレスにあてはまるわけではないが，複製型ポリメラーゼの停止は共通して起こる．もし，ラギング鎖合成が途中で停止した場合，複製フォークはそのまま進行して，後方に未複製の一本鎖 DNA 領域が残ることになる．一方，物理的に小さい DNA 損傷やヌクレオチド基質の不足などが原因でリーディング鎖合成が阻害された場合，ヘリカーゼはそのまま二本鎖 DNA をほどき続けるので，停止したポリメラーゼとの間に一本鎖 DNA 領域を生じることになる（これを"ヘリカーゼとポリメラーゼの脱共役"という，図5・16）．このように通常の複製過程ではみられない長さの一本鎖 DNA 領域が生じると，複製異常として **ATR**（一本鎖 DNA に結合して活性化されるリン酸化酵素）によって検出され

る．ついで，ATR はチェックポイントキナーゼ **Chk1** をリン酸化して活性化し，
Chk1 は複製フォーク周辺から移動して拡散し，Cdc25 をリン酸化して不活性化す
る．Cdc25 は S 期 CDK や M 期 CDK を活性化する酵素（ホスファターゼ）である．
要するに，最上流にある ATR が活性化すると，最終的には CDK が不活性化する
ことになり，S 期内での中期・後期の複製起点の活性化や M 期への進行が抑制さ
れる．

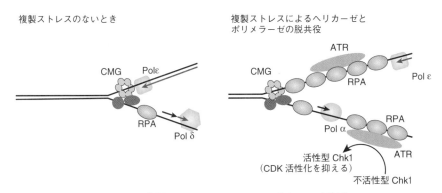

図 5・16　複製ストレスによるチェックポイントの活性化

b. DNA 複製進行と共役してクロマチン構造も複製される

　真核生物のゲノム DNA は，ヌクレオソームを基本単位としたクロマチン構造を
とっていて，そのままでは複製フォークが進行できない．ヌクレオソームは，複製
フォーク前方で一時的に解体され，レプリソームが通過して DNA 複製が終わって
から，複製フォーク後方で再形成される（図 5・17）．このとき，ヒストンシャペ
ロンが重要な役割を果たすと考えられている．ヌクレオソームのヒストン八量体
は，H2A–H2B 二量体と H3–H4 二量体がそれぞれ 2 個ずつ組合わさって形成され
るが，それぞれに対するシャペロンが存在する（ここでシャペロンとは，ヒストン

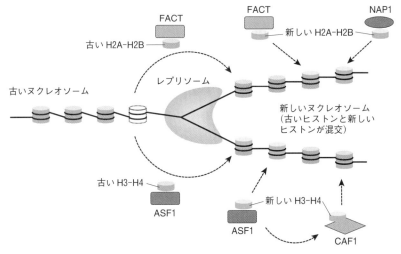

図 5・17　クロマチン構造の複製

をヌクレオソームから抜き取る働きや，保持しているヒストンを DNA に供与して
ヌクレオソーム形成を促進する働きをもつ因子のことであり，FACT，NAP1，
ASF1，CAF1 などが含まれる）．まず，複製フォーク前方のヌクレオソームから
FACT と NAP1 が H2A-H2B，ASF1 が H3-H4 をそれぞれ抜き取る．抜き取られた
ヒストンは，複製フォーク後方でのリーディング鎖とラギング鎖にランダムに分配
されて，ヌクレオソーム再形成に使われる．このとき，前方で働いた FACT，
NAP1，ASF1 に加えて，別の H3-H4 シャペロンである CAF1 も後方でのヌクレオ
ソーム再形成に働く．複製後の DNA 量は 2 倍になっているため，もともとのヒス
トンに加えて新規に合成されたヒストンも動員されて，ヌクレオソーム量も 2 倍と
なる．

c. DNA 複製を終結する仕組みがある

　大腸菌ではゲノム配列中に明確な複製終結点が存在するが，真核生物には存在し
ない．二つの複製フォークが正面から衝突すると複製終了となり，その場所はゲノ
ム中のどの領域であっても同様であると考えられている．複製フォーク後方にある
複製完了した 2 組の二本鎖 DNA は，分裂期では姉妹染色分体としてそれぞれ独立
に凝縮して分配されなければならない．二つのフォークが対面したとき，それぞれ
のリーディング鎖上を移動してきた CMG ヘリカーゼと Polε は，すれ違ってその
まま DNA 合成しながら移動し，相手方のラギング鎖末端まで到達したら停止して，
p97 複合体の働きにより DNA 鎖から脱離される（図 5・18）．このとき，二つの姉
妹染色分体 DNA はカテナン（共有結合を介さずに鎖のようにつながること）を形

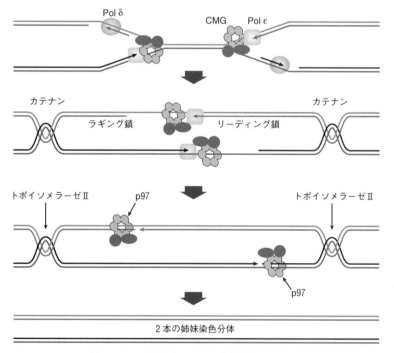

図 5・18　真核生物における複製終結の仕組み

成して絡まった状態であるが，トポイソメラーゼⅡの働きで解消されて分配可能な
状態に分離される.

5・3・5 テロメアの複製

　真核生物の染色体は直鎖状であるため，必ず二つの染色体末端が存在する．この
末端部分は**テロメア**とよばれていて，特殊なクロマチン構造をもっており，DNA
複製様式も通常と異なる点がある．複製フォークが染色体末端に向かって進行し，
通常の様式で DNA 複製されるとすると，原理的にはリーディング鎖の合成は完了
できるが，ラギング鎖は最後に RNA プライマーが残る，あるいは RNA プライマー
の合成ができずに鋳型鎖が一本鎖 DNA のまま残ることになり，姉妹染色分体の 5′
末端が短くなってしまう．この問題は“末端複製問題”とよばれているが（図5・
19），テロメア DNA を伸長する活性をもつ**テロメラーゼ**により解決される.

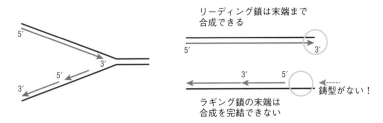

図 5・19　末端複製問題

a. テロメラーゼは RNA を鋳型としてテロメア DNA を伸長合成する酵素である

　テロメアの DNA 配列は，グアニンに富む短い配列単位が数百～数千コピー連
なった反復配列(テロメアリピート)で構成されている．この配列単位は種によって
異なるが，脊椎動物では 5′-TTAGGG-3′ である．なお，相補鎖は 5′-CCCTAA-3′
となるため，グアニンに富むのは片側だけであり，“G 鎖”および“C 鎖”として

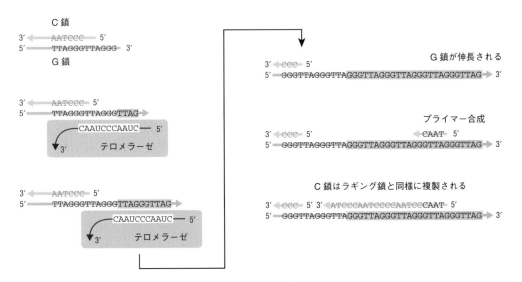

図 5・20　テロメラーゼによるテロメア DNA の伸長合成

区別できる．テロメラーゼは特殊な DNA ポリメラーゼであり，タンパク質（teromere reverse transcriptase, TERT）と RNA（teromerase RNA component, TERC）からなる．RNA 部分にはテロメア配列と相補的な配列（脊椎動物では 5′-CUAACCCUAAC-3′）が存在し，これを鋳型として G 鎖の 3′ 末端にテロメアリピート配列を伸長合成する（図 5・20）．テロメラーゼは，RNA を鋳型として DNA 合成を行うので逆転写酵素であるが，RT ファミリーに属する DNA ポリメラーゼとして分類されている（表 5・2 参照）．テロメラーゼが G 鎖の伸長を行った後は，通常のラギング鎖の場合と同様に Polα プライマーゼによるプライマー合成，Polδ による伸長で相補鎖である C 鎖の合成を行うと考えられている．

b. テロメアの最末端は T ループ構造をとっている

テロメアの最末端部分では，ある程度の長さの G 鎖が一本鎖の状態で突出している（哺乳類では 100～200 塩基程度）．最末端付近では，DNA 全体が折り返して投げ縄のような構造（**T ループ**）をつくり，突出している G 鎖は内側にあるテロメア DNA の二本鎖に侵入して D ループ*を形成する（図 5・21）．テロメア DNA の T ループ構造は，さまざまなタンパク質からなるシェルテリン複合体によって保護されている．

* D ループは本来，DNA の相同組換えの際に組換え酵素の働きによって生じるものである．一本鎖 DNA が同じ配列をもつ二本鎖 DNA に侵入し，もともとの相手鎖を追い出して，相補鎖と塩基対形成する．

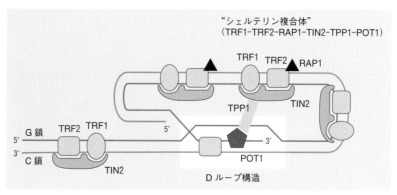

図 5・21　テロメアの T ループ構造

c. テロメアの長さは細胞老化と関係している

テロメラーゼは，DNA 複製に伴って起こるテロメアの短縮を防ぐために働くが，すべての細胞で発現しているわけではない．たとえば，同じ哺乳類でもマウスでは多くの種類の体細胞で発現するが，ヒトの場合，胚発生の時期を除いては生殖細胞や幹細胞など一部の細胞でしか発現しない．実際に，テロメラーゼを発現しない細胞では，細胞分裂を繰返すたびにテロメアの短縮が起こることがわかっている．テロメアの長さは，細胞寿命と関係している．通常の細胞は，数十回程度分裂すると，増殖を停止して細胞老化の状態に入る．テロメアの長い若い細胞では分裂できる回数が多いのに対して，テロメアが短くなるにつれ分裂できる回数が減り，一定の長さまで短くなると分裂能力を失う．人工的にテロメラーゼを発現すると，分裂寿命を延ばすことができる．また，がん細胞ではテロメラーゼを高発現しており，がん細胞が無限に増殖できる理由の一つになっている．

■ 章 末 問 題

5・1　大腸菌を $^{15}NH_4Cl$ の存在下で長く培養した後（①），この培地を捨て，次に $^{14}NH_4Cl$ の存在下で再び培養する．ここでは新たに合成される DNA は ^{14}N のみを含む．大腸菌の1回の分裂に必要な時間は20分なので，20分後に一部を取出して DNA を精製し密度勾配遠心法で解析した（②）．さらに20分間培養し，同様に DNA を精製し密度勾配遠心法で解析した（③）．

　DNA 複製が，半保存的である場合，保存的である場合，分散的である場合，どの位置にバンドがみられるか，その位置とバンドの量の割合を記入せよ．

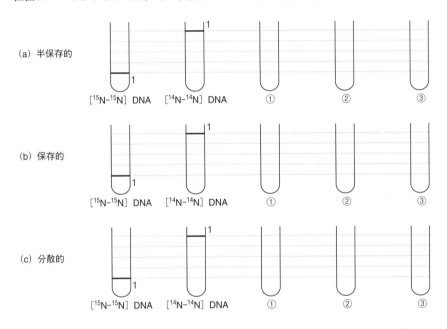

5・2　レプリソームの複製フォーク結合部位には DNA のループが一時的に形成される．その理由を説明せよ．

5・3　原核生物の DNA 複製の過程を，関与するタンパク質をあげながら，箇条書きで説明せよ．

5・4　真核生物の複製フォークで起こる DNA 複製の基本的な過程について，主要なレプリソーム因子の名前をあげて，簡潔に説明せよ（150～200 字程度でまとめる）．

5・5　複製フォークでの反応において，真核生物と原核生物で異なる点について指摘せよ．

5・6　真核生物の染色体を構成するマルチレプリコンとはどういうものか簡潔に説明せよ（150～200 字程度）．

5・7　真核生物の DNA 複製開始制御機構について簡潔に説明せよ（150～200 字程度）．

5・8　真核生物における再複製を阻止する仕組みについて簡潔に説明せよ（150～200 字程度）．

5・9　真核生物の複製進行を阻害すると，どのような応答が起こるか簡潔に説明せよ（150～200 字程度）．

5・10　真核生物のテロメア DNA の特徴と複製機構について簡潔に説明せよ（150～200 字程度）．

6 DNAの変異と修復

概要 生物の遺伝情報はDNAの塩基配列であり，生物が生存し，世代を超えて遺伝情報を正確に伝えていくためには，安定した遺伝情報を維持する必要がある．それには，DNAの複製を厳密に行うだけでなく，常にDNAに生じるさまざまな損傷を修復する仕組みが必要である．ヒト細胞のDNAは，複製のミス，熱，放射線や紫外線，化学物質などによって常に傷害されている．その結果，DNAの塩基配列の変化や，DNAを複製・転写の鋳型として使用できなくなるような化学変化が起こる．しかしながら，これらの変化の多くは一時的なもので，DNA修復とよばれる反応によってすぐに修復されており，DNAの塩基配列に永久的な変化（変異）として残るものはごくわずかである．DNA修復は遺伝的な安定性を保つために重要な仕組みである．DNA修復タンパク質やその遺伝子は，もともとは細菌において変異率が上昇した変異体やDNA損傷試薬に対する感受性が高くなった変異体の発見とその研究から見つかったが，ヒトをはじめさまざまな生物に存在する．ヒトにおけるDNA損傷修復の異常と，多くの病気との関連が明らかになってきている．たとえば色素性乾皮症では，紫外線による光反応産物を修復できないので，患者は紫外線に対して非常に感受性が高くなり，そのため起こる遺伝子変異が増加して皮膚の病変や皮膚がんを生じやすくなる．また，*BRCA1*，*BRCA2* 遺伝子に変異があると相同組換え修復ができず，遺伝的に乳がんや卵巣がんになりやすくなる．

行動目標

1. DNA複製時の誤りが起こる原因と，その修復機構について説明できる
2. DNA損傷にはどのようなものがあるか，その原因と機序を含めて説明できる
3. それぞれのDNA損傷がどのように修復されるか，必要とされる因子とその機能を含めて説明できる
4. DNA損傷修復不全がひき起こす疾患について，例をあげて説明できる
5. がん抑制遺伝子と原がん遺伝子について，例をあげて説明できる

6・1 DNAの変異と修復

6・1・1 複製の誤りと修復

　生物が遺伝情報であるDNAの塩基配列を正しく伝えていくためには，その配列に生じる**変異**の割合を低く保つ必要がある．変異をひき起こす二つの大きな要因は，**DNA複製の誤り（エラー）** とDNAの**化学的損傷**である．ここではまず，DNA複製の際に生じる誤りの性質とその修復機構をみていく．

　細胞は，複製の際に誤って取込まれたヌクレオチドを見つけ出して除去する機構を備えている．その一つは，DNAポリメラーゼとDNAヘリカーゼなどを含む巨大なタンパク質集合体（レプリソーム）による校正機構である．これは，誤って取込まれたヌクレオチドを，DNAポリメラーゼがもつ3′→5′エキソヌクレアーゼ活性を活用して取除くものである．この校正機構により，DNAの複製は驚くほど低い変異率で行われる（§5・2・1参照）．しかしながら，この機構ですべての変異が取除かれるわけではない．誤って取込まれたヌクレオチドの一部は，この校正機構をすり抜けて新生鎖と鋳型鎖の**誤対合（ミスマッチ）** を起こす．**ミスマッチ修復**（mismatch repair, MMR）酵素系は，このように誤ってコピーされたDNA配列を検出し修復する．

　ミスマッチ修復ではまず，誤対合によって生じる二重らせんの突出やループが見つけ出される．大腸菌で複製のミスマッチを見つけるのはミスマッチ修復タンパク質である MutS で，DNA を走査して DNA 主鎖のミスマッチによる歪みを識別する（図6・1）．そして MutL と MutH をよびこみ，MutS と MutL が相互作用して MutH を活性化する．MutH は，ミスマッチの近くで一方の鎖に切れ目（ニック）を入れる．特異的なヘリカーゼ（UvrD）がこの部位を一本鎖に解離し，誤対合を含む領域をエキソヌクレアーゼによって切り取り，次に DNA ポリメラーゼ III（Pol III）が適正に対合した DNA 鎖を産生してこの部位を埋める．

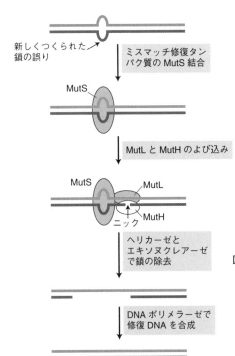

図 6・1　複製ミスマッチ修復　大腸菌では，複製によってできた DNA のミスマッチを MutS が認識して囲む．MutL をよびこみ，MutH を活性化して切れ目（ニック）を入れる．さらにヘリカーゼ（UvrD）とエキソヌクレアーゼによって鎖を除去．できたギャップは DNA ポリメラーゼが DNA を合成して埋める．

　真核細胞では，MutS の相同体（MutS homolog, MSH）と MutL の相同体（MLH）を使ってミスマッチを修復する．真核細胞には複数の MutS 類似タンパク質があり，単純なミスマッチに特異的なものや，DNA 複製のときに生じる余分な塩基の挿入または欠失を特異的に認識するものがある．ヒトでは，この MutS の相同タンパク質（MSH2）と MutL 相同タンパク質（MLH1）の遺伝子の異常は，家族性がん症候群の一つである遺伝性非ポリポーシス大腸がんの原因となる（§6・2・1c 参照）．

6・1・2　DNA の損傷

　DNA の変異は，DNA ポリメラーゼによる複製の誤りによってだけではなく，DNA が化学的に損傷されることによっても生じる．DNA は基本的には遺伝情報を保存する安定な化合物であり，さらに塩基が内側に向いた二重らせん構造は塩基を

防御している．しかし，紫外線や放射線，熱，変異率を上昇させる化学物質などによってDNAの損傷は絶えず生じている．また，DNAは通常の条件においても化学的変化をすることがある．たとえば，アデニンやグアニンのプリン塩基とデオキシリボースの間のN-グリコシド結合が加水分解されてプリン塩基が失われる**脱プリン反応**（図6・2）によって，ヒトの細胞当たり1日約18,000個のプリン塩基が脱離している．同様に，脱ピリミジン反応によって，約600個のシトシンとチミン塩基が失われている．また，グアニン，アデニンおよびシトシン塩基からアミノ基が失われる**脱アミノ反応**（図6・3a）が起こることもあり，1日に細胞当たり約100個の割合でシトシンがウラシルになる．また，シトシンがメチル化された5-メチルシトシンの脱アミノによるチミンへの変換はさらに頻繁に起こっており（図6・3b），ヒトDNAの点突然変異の要因となっている．

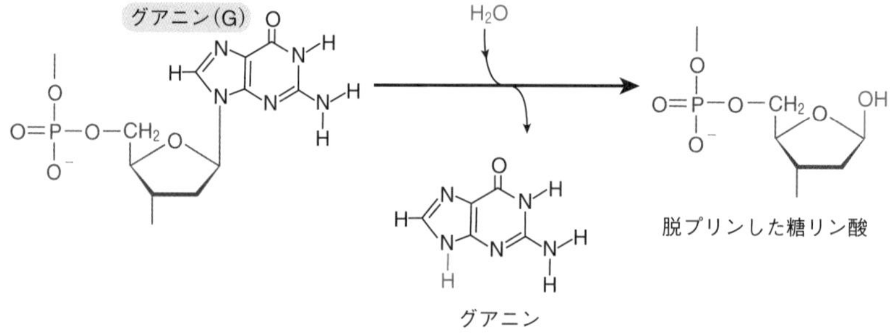

図 6・2 塩基の脱プリン反応 自然に起こる加水分解によってN-グリコシド結合が切断され，プリン塩基が失われる脱プリン反応．デオキシリボースのみが残される．

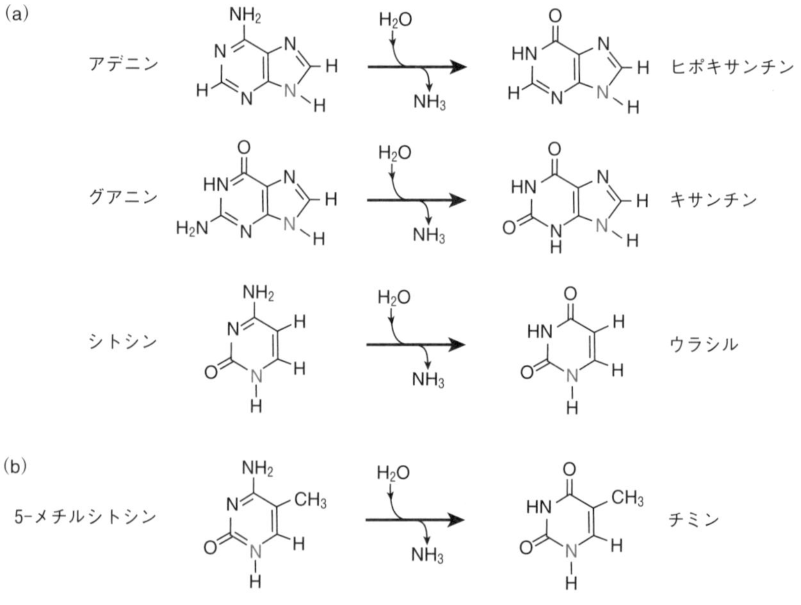

図 6・3 塩基の脱アミノ反応 （a）グアニン，アデニンおよびシトシン塩基からアミノ基が失われる脱アミノ反応は，自然に起こる．（b）シトシンのメチル化型の5-メチルシトシンの脱アミノにより，チミンが生成する．この脱アミノはヒトDNAの点突然変異の最大の要因となる．

さらに，DNA は，太陽光に含まれる紫外線によって損傷を受ける．特にピリミジン塩基は 260 nm 付近の波長をよく吸収するため，隣り合った 2 個のピリミジン塩基（チミン，シトシン）間では，紫外線を吸収して化学反応性が増し，共有結合による二量体が形成される（図 6・4）．DNA 複製において，DNA ポリメラーゼは**ピリミジン二量体**のところで停止し，少し離れたところからまた複製を行うので，塩基対の欠失や置換が生じる．

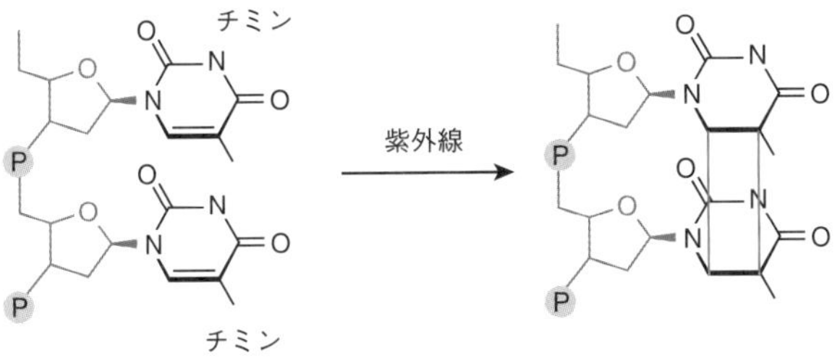

図 6・4　**紫外線照射によるピリミジン二量体の生成**　紫外線の照射によって DNA の中の隣り合ったピリミジン塩基の間に共有結合ができ，ピリミジン二量体を形成する．最も多い型が，図のチミン二量体である．

電離放射線は非電離放射線より波長の短い電磁波（X 線など）で，DNA 鎖のリン酸や糖の部分に切断を起こす．特に，細胞において修復困難な DNA の二本鎖切断をひき起こすことから，非常に危険である．

また細胞内では，酸素呼吸により酸素が水へと還元されていく過程において，O_2^-，H_2O_2，・OH といった多様な**活性酸素種**（reactive oxygen species, **ROS**）が産生される．このような ROS によって DNA の**塩基の酸化**がひき起こされ（図 6・5），修復されない場合は変異の原因になる．代表的な例として，グアニンが酸化されて**8-オキソグアニン**（8-oxoG）を生じると，シトシンだけではなくアデニンとも塩基対を形成するようになる．複製の際に 8-oxoG がアデニンと対合することにより

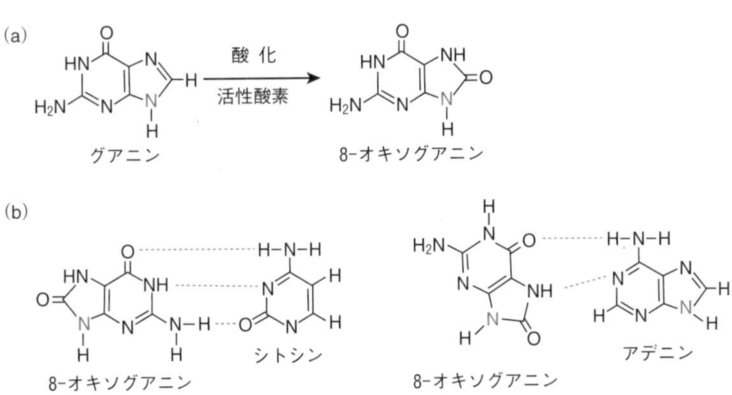

図 6・5　**DNA における塩基の酸化と誤った塩基対の形成**　(a) 活性酸素種（ROS）の作用によって DNA の酸化は起こる．よく起こる酸化反応はグアニンに対するものでその酸化体は 8-オキソグアニン（8-oxoG）である．(b) 8-オキソグアニンは，塩基の酸化による生成物としては最も多く，シトシンだけではなくアデニンとも対合するため，高い変異原性をもつ．

GC 塩基対が TA 塩基対に置き換わると，点突然変異が生じることになる．また，ある種の ROS は，DNA の一本鎖切断や二本鎖切断をひき起こす．

さらに，生体内に取込まれたさまざまな外来性化学物質やその代謝産物，あるいは内因性の化合物が細胞内の DNA を含む高分子群と反応することがある．たとえば，ニトロソアミンなどのアルキル化剤や内因性の S-アデノシルメチオニンは，DNA の塩基をアルキル化により共有結合修飾する．このことによって，塩基の反応性の高い部位や DNA 主鎖のリン酸部位にメチル基やエチル基が付加する（図6・6）．塩基のアルキル化は，デオキシリボースとの N-グリコシド結合を不安定にするので，DNA から塩基が脱離することがある．またグアニンの6位の酸素原子のアルキル化によって生じる O^6-メチルグアニンは，チミンと誤対合することが多い．このアルキル化 DNA が複製されると，GC 塩基対が AT 塩基対に置換してしまい，点突然変異をもたらす．

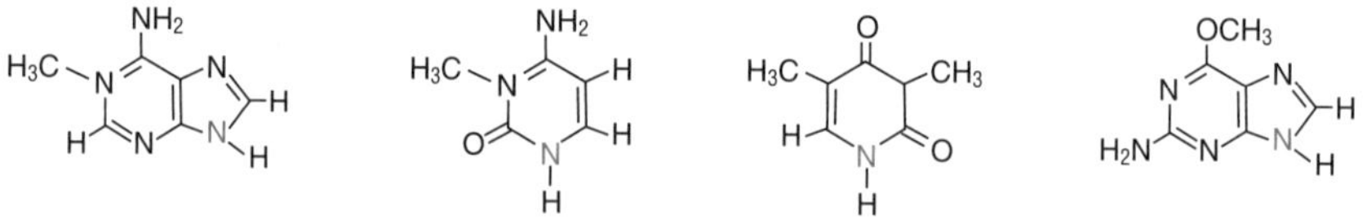

| 1-メチルアデニン | 3-メチルシトシン | 3-メチルチミン | O^6-メチルグアニン |

図 6・6 DNA のアルキル化　アルキル化剤や内在性の S-アデノシルメチオニンによって，DNA の塩基にメチル基やエチル基のようなアルキル基が付加される．アルキル化のなかで多い生成物は O^6-メチルグアニンで，チミンと誤対合することが多く，変異の原因となる．GC 塩基対が AT 塩基対に変化する．

6・1・3　DNA 損傷の修復

DNA が二重らせん構造であることは，修復を行ううえで大きな利点となる．すべての遺伝情報を二つずつもっているので，片方の鎖が損傷されても相補鎖に完全な配列が保存されており，それを使って損傷した鎖の塩基配列をもとに戻すことができる．この二本鎖 DNA の二重らせん構造による遺伝情報の保存はあらゆる細胞にみられ，一本鎖の DNA や RNA を遺伝情報物質としているものは一部のウイルスのみである．

a. 塩基除去修復とヌクレオチド除去修復　細胞には複数の DNA 損傷修復の仕組みがあり，損傷の種類に応じて異なる酵素を用いた修復が行われる．そのうち損傷した塩基を取除くおもな方法は，修復反応による塩基の除去と置換である．おもな修復経路には，**塩基除去修復**と**ヌクレオチド除去修復**の二つがある．

第一の経路である**塩基除去修復**（base excision repair, BER）では，DNA グリコシラーゼ酵素群が関与する．グリコシラーゼにはいくつも種類があり，それぞれが異なる損傷塩基を識別してグリコシド結合を加水分解することにより，変化した塩基を取除く（図6・7）．損傷塩基には，アルキル化や酸化を受けた塩基，脱アミノしたシトシンやアデニン，開環した塩基などがあり，これらが除去される．塩基が二重らせん構造の内側にあるにもかかわらず，DNA グリコシラーゼはどのようにして損傷塩基を認識することができるのだろうか．DNA グリコシラーゼは，常に DNA に沿って移動しながら特定の塩基の損傷を見つけ出しているが，塩基が損傷したヌクレオチドは二重らせん構造から出っ張った状態になる．そ

の出っ張りを，損傷塩基に応じた DNA グリコシラーゼが認識し，糖から加水分解して取除く．これによってギャップ，つまり AP 部位*ができる．この AP 部位をAP エンドヌクレアーゼが認識して糖−リン酸間の結合を切断する．その結果，塩基をもたない糖は DNA 主鎖から取除かれる．生じたギャップに DNA ポリメラーゼが新たなヌクレオチドを付加し，さらに DNA リガーゼが切れ目をつなぐ．自然に加水分解されて脱プリン反応や脱ピリミジン反応が起こった場合も，同様に修復される．

* AP は，プリンやピリミジンの欠落を意味する apurinic, apyrimidinic の略.

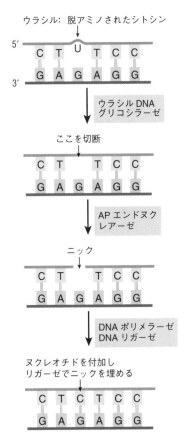

図 6・7　塩基除去修復　シトシンの脱アミノによって生じたウラシルの場合，ウラシルグリコシラーゼがグリコシド結合を加水分解してウラシルを DNA 鎖から切り離す．AP 部位（脱ピリミジン部位）が残り，AP エンドヌクレアーゼが AP 部位の 5′ 側でDNA 主鎖を切断する．3′ 側はエキソヌクレアーゼが切断し（図中略），生じたギャップは DNA ポリメラーゼが新たなヌクレオチドを付加し，DNA リガーゼがニックを埋める．

　第二の修復経路である**ヌクレオチド除去修復**（nucleotide excision repair, NER）では，特定の損傷を識別するのではなく，DNA の二重らせん構造の変化を認識して修復する．この変化は，紫外線により生じるピリミジン二量体（T-T，T-C，C-C）や，大型の炭化水素（コールタール，タバコの煙の成分など）と DNA 塩基との共有結合反応によってひき起こされる．大腸菌におけるヌクレオチド除去修復では，複合酵素が DNA の二重らせん構造の歪みを探しており，損傷による歪みを見つけるとその両側で，損傷を含む鎖のホスホジエステル結合を切断する．その後，DNA ヘリカーゼの作用によって損傷を含む短いオリゴヌクレオチドは二重らせんから取除かれ，生じたギャップが DNA ポリメラーゼと DNA リガーゼによって埋められ，塩基配列がもとに戻る（図 6・8）．

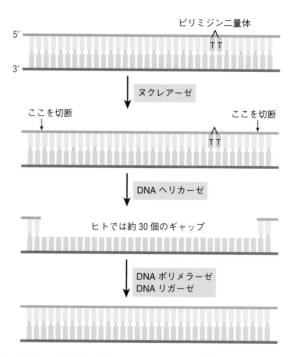

図6・8　ヌクレオチド除去修復　ヌクレオチド除去修復では，DNAの二重ら
せん構造を歪ませるような損傷を見つけて修復する．損傷による歪みを認識す
ると，その両側で，ヒトでは5′側に約24ヌクレオチド，3′側に5ヌクレオチ
ドの部位でDNA断片が切断され，DNAヘリカーゼによって取除かれる．生
じたギャップはDNAポリメラーゼとDNAリガーゼによって埋められる．

b. 損傷乗り越えDNA合成で進めるDNA複製　　前述のように，DNAが損傷
されると複数の経路で修復されるが，これらの修復経路で完全に損傷が取除かれる
わけではない．そのため，修復されずに残っているピリミジン二量体や脱プリン部
位あるいは脱ピリミジン部位に，DNAポリメラーゼが複製中に出会うことがある．
このとき，DNA合成精度が高い複製型ポリメラーゼ（polδやpolε）は，複製を停
止してしまう．しかし，細胞には損傷部位を乗り越えて複製を続けることができる
特殊なDNAポリメラーゼが存在しており，損傷塩基にとりあえず塩基を対合して
一時的に**損傷乗り越え合成**（TLS）が行われる．

　これを行うのは**損傷乗り越えポリメラーゼ**（**TLSポリメラーゼ**）とよばれる精
度の低いポリメラーゼであり，複製の誤りが起こりやすく変異をひき起こす確率
は高いものの，損傷部位を通りながらDNAを合成することができる．その後，
再び複製型ポリメラーゼがDNA合成を行い，複製を完了させる．この過程で生
じた変異は，後からDNA損傷修復経路で修復することができる．複製型ポリメ
ラーゼとTLSポリメラーゼの交換（**ポリメラーゼスイッチ**）を行う足場として，
PCNA（増殖細胞核抗原）というタンパク質が機能する．PCNAは二本鎖DNAを
囲む環状の構造をとる三量体で，通常は複製型ポリメラーゼを保持している．こ
のPCNAがユビキチン化（§9・7・2e）を受けると，ユビキチンを認識して結
合する領域をもつTLSポリメラーゼをよびよせ，複製型ポリメラーゼからTLS
ポリメラーゼに変換するポリメラーゼスイッチが起こる（図6・9）．TLSポリメ

ラーゼはその種類によって乗り越える損傷が異なり，たとえば polη はピリミジン二量体であるチミン二量体を乗り越えて DNA 合成を行う．

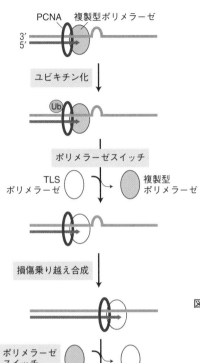

図 6・9　**損傷乗り越え修復**　複製の際に鋳型鎖の損傷に出会った複製型ポリメラーゼは，損傷部位で停止する．PCNA はモノユビキチン化され，複製型ポリメラーゼは TLS ポリメラーゼと交換されて DNA から離れる（ポリメラーゼスイッチ）．TLS ポリメラーゼが損傷部位をバイパスすると，再びポリメラーゼスイッチにより TLS ポリメラーゼは複製型ポリメラーゼに変換され，複製型ポリメラーゼが DNA 合成を再開する．

c. 転写共役修復　　DNA 損傷は細胞の DNA すべてに対して常に“監視”されており，損傷が認識されると塩基除去修復やヌクレオチド除去修復が行われる．DNA を RNA に転写する際に遺伝子 DNA の転写鎖（鋳型鎖）に損傷があるときは，転写酵素である RNA ポリメラーゼが DNA 損傷部位で停止してしまう．そのときには，そこにヌクレオチド除去修復タンパク質がよびよせられ修復が行われる．これを**転写共役修復**（transcription-coupled repair，TCR）という．この修復経路によって，活発に転写されている部位の DNA に修復タンパク質を集めることができる．この場合では，RNA ポリメラーゼが損傷の認識に大きな役割を果たしている．

d. DNA 損傷をそのままもとどおりに戻す　　塩基除去修復やヌクレオチド除去修復ではなく，DNA 損傷を単純にもとに戻す反応がある．この反応は，変異原性が高く細胞への毒性が強い損傷を化学的に急いで取除くために使われる．その一つが**光回復**で，紫外線照射によって生じたピリミジン二量体を直接もとに戻す．光回復では，光のエネルギーを利用し，DNA フォトリアーゼ（光回復酵素）がピリミジン二量体の間の共有結合を切断してもとどおりの二個のピリミジン塩基にする．なお，光回復はヒトを含む哺乳動物ではみられない．

　その他の例としては，アルキル化により O^6-メチルグアニンが生じると，メチ

ル基転移酵素がグアニン残基からメチル基を取除き，自身のシステイン残基の一つに転移させる系がある．メチル基転移酵素はこのメチル基を受取ると失活してしまう．またアルキル化により生じた 1-メチルアデニンや 3-メチルシトシンは，補酵素として鉄を必要とする脱メチル化酵素によりメチル基がホルムアルデヒドとして遊離され，もとの塩基に戻る．

e. DNA 二本鎖切断修復　　塩基除去修復やヌクレオチド除去修復では，損傷を受けていない無傷な DNA 鎖が残っており，それを鋳型として，もう一方の DNA 鎖の損傷部位を除去して取替える．しかし，放射線照射，複製の誤りや細胞内のある種の代謝産物などによって DNA 二本鎖が切断される場合があり，このような場合は，修復を行うための鋳型となるものがなくなる．そのため，**DNA 二本鎖切断**（double strand break, DSB）は DNA 損傷のなかでも細胞への影響が大きく，そのまま放置すると複製の停止や染色体の断片化が生じ，細胞死が起こりやすく，また細胞分裂の際には遺伝子が失われてしまう．それを防ぐために，細胞は DNA 二本鎖切断に対する 2 種類の異なる修復経路を進化させてきた．

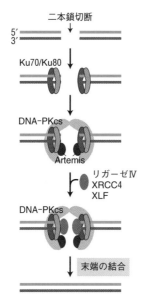

図 6・10　**非相同末端結合**　哺乳類の非相同末端結合では，Ku70 と Ku80 のヘテロ二量体が DNA の切断末端に結合して，プロテインキナーゼである DNA-PKcs をよびよせる．これがエンドヌクレアーゼ活性とエキソヌクレアーゼ活性の両方をもっている Artemis をよびよせ，切断末端を加工する．最後にリガーゼⅣと XRCC4，XLF の複合体が切断末端を結合する．

　その一つが，切断された DNA の末端部分をそろえ，DNA リガーゼによって再びつなげる**非相同末端結合**（nonhomologous end joining, NHEJ）である（図 6・10）．非相同末端結合では切断部位のいくつかのヌクレオチドが失われ，もとの配列とは異なる配列が生じ，変異として残ってしまう．非相同末端結合は，酵母では予備的に働くが，哺乳類の体細胞においては DNA 二本鎖切断修復の主要な経路である．哺乳類のゲノム DNA は，生存に不可欠な部分が酵母と比較してごくわずかであるため，染色体を切断したままにするよりは変異が残ったとしても非相同末端結合によって修復した方がはるかに細胞には有利なのである．そのため，ヒトが 70 歳になるころには，普通の体細胞には非相同末端結合によって修復された 2000 箇所以上の傷跡が変異として蓄積されている．

　非相同末端結合では DNA 末端はどのようにして結合されるのだろうか．非相同末端結合では，切断された DNA の二つの末端から突き出ている一本鎖部分は，誤った塩基配列のまま対合して両末端が連結される．非相同末端結合経路に関わるタンパク質は数多く明らかになっており，なかでも Ku70 と Ku80 が最も重要なタンパク質であり，ヘテロ二量体をつくって DNA 末端に結合するプロテインキナーゼである DNA-PKcs（DNA dependent protein kinase catalytic subunit）をよびよせる．さらにこれが Artemis をよびよせる．Artemis は 5′→3′ エキソヌクレアーゼとエンドヌクレアーゼ活性をもち，DNA-PKcs によるリン酸化で活性化され，切断末端を加工する．その後，DNA リガーゼⅣ，XRCC4 と XLF（XRCC4-like factor）の複合体が DNA 切断末端をつなぎ合わせる（図 6・10 参照）．

　もう一つの DNA 二本鎖切断修復経路は，新たに複製された DNA を用いて組換えをする経路，すなわち姉妹染色分体を鋳型に使うものである．非相同末端結合とは異なり精度の高い修復経路であり，**相同組換え**を用いる（§7・1 参照）．

　ほとんどの生物で，DNA 二本鎖切断の修復に非相同末端結合と相同組換えの両方が用いられる．ヒトでは DNA 二本鎖切断の修復には非相同末端結合がおもで，相同組換えは，鋳型となる姉妹染色体分体が生じる DNA 複製の際や，その直後である S 期，G_2 期においてにしか行われない．

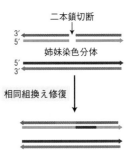

コラム 1　**DNA 損傷の修復が困難な場合**

　DNA 損傷の修復がうまくいかない場合は，変異として細胞のゲノムにそのまま残ってしまう．特に DNA 損傷が激しく，修復が間に合わない場合には，そのような細胞をそのまま残すとがん化することがあるので，**アポトーシス**（apoptosis）を誘導して死滅させる方が多細胞生物にとっては有利に働く．アポトーシスは細胞死の一種であり，その特徴は，細胞膜構造の変化，クロマチンおよび核の凝縮，DNA の断片化，細胞がアポトーシス小胞とよばれる構造に分解されマクロファージなどにより貪食されることである．アポトーシスを誘導する刺激には，DNA 損傷，活性酸素の増加，小胞体ストレスなどの内因性のものと，細胞膜の受容体を介した外因性のものがある．どちらの場合も，カスパーゼ（caspase）ファミリーとよばれる一連のタンパク質分解酵素が活性化されて細胞内の種々のタンパク質を分解することでアポトーシスが進行する．

6・2　DNA 修復不全と疾患

6・2・1　DNA 修復における遺伝的欠損と発がん

　塩基除去修復，ヌクレオチド除去修復，ミスマッチ修復，相同組換え修復における遺伝的欠損は特定のがん高感受性症候群を起こす．

　a. 色 素 性 乾 皮 症　1874 年にオーストリアの 2 人の内科医が皮膚の扁平上皮がんと基底細胞がんを高率に発症する症候群をはじめて記載した．この症候群の患者の皮膚はそばかすが多く乾燥しており，紫外線照射に非常に感受性が強く，幼児ではわずかに日光に曝されるだけで皮膚がやけどのような症状になることから，**色素性乾皮症**（XP, xeroderma pigmentosum）とよばれる．常染色体劣性の遺伝性光

過敏症で，日光露光部に皮膚がんを高頻度に発症する．色素性乾皮症の皮膚がん発症の危険性は一般人口に比べて 1000 倍高く，舌に扁平上皮がんができる危険性は 100,000 倍である．色素性乾皮症は遺伝的に異なる A〜G 群（遺伝的相補性群）とバリアント（V）型の八つに分類されており，それぞれの原因遺伝子が判明している．8 個の個別の遺伝子のうち，遺伝的にどれが欠損していても色素性乾皮症が起こる．8 個の遺伝子のうち，*XPA* から *XPG* までの 7 個はヌクレオチド除去修復経路に関わるタンパク質（XPA, XPB, XPC〜XPG）の遺伝子であることから，紫外線による損傷の修復にはヌクレオチド除去修復経路が重要であることがわかる．さらに，もう一つの原因遺伝子である *XPV* は，損傷乗り越え型 DNA ポリメラーゼ（polη）の遺伝子である．

　XP 遺伝子に欠損がある患者の細胞では，どのような修復不全が起こっているのだろうか．ヌクレオチド除去修復経路に欠陥があると，細胞は，紫外線によって生じるチミン二量体のような損傷に対する修復能力が低下する．そのため，日光を浴びた色素性乾皮症患者の細胞では DNA 損傷が蓄積し，変異の増加や細胞死が増える．また，修復されずに残っているチミン二量体があっても polη があれば，チミン二量体に対応してそれを乗り越えて，相補鎖に 2 個のアデニンを合成することができるが，他の損傷乗り越え型ポリメラーゼはできない．そのため変異型 polη をもつ患者の細胞では変異の頻度が増加する．

b. 家族性乳がん　　がんと関連したその他の遺伝子としては，*BRCA1* と *BRCA2* という遺伝子がある．乳がん全体の約 10％は早期に発症する**家族性乳がん**であり，この家族性乳がんの原因の 70〜80％では，*BRCA1* か *BRCA2* のどちらかに変異があると考えられている．これらの遺伝子は，DNA 損傷修復に働く，いわゆるケアテーカー型のがん抑制遺伝子である*．BRCA1 と BRCA2 はどちらも DNA 損傷修復のなかでも二本鎖切断修復，DNA 複製後修復における相同組換えに機能しており，BRCA1 や BRCA2 の機能が欠損している細胞においては，相同組換えによるすべての修復が障害されている．*BRCA1* 遺伝子を欠損させたマウスは，胚形成の早期に死亡する．*BRCA2* 遺伝子を部分的に機能欠損させたマウスは，リンパ系悪性腫瘍に対する高い感受性がある．さらに染色体の多様な異常がみられており，非相同末端結合が高頻度で起こったときにみられる染色体融合像が多数みられる．BRCA1 や BRCA2 がどのように正常な染色体構造を維持し，それによってがん化を抑制しているのか正確にはまだ明らかにはなっていないが，これらのタンパク質が他のタンパク質と複合体を形成し，それらの作用を助ける足場として働いているのではないかと考えられている．

c. 遺伝性非ポリポーシス大腸がん　　その他の DNA 修復の遺伝性欠損によって起こるヒトの家族性がん症候群として**遺伝性非ポリポーシス大腸がん**（HNPCC, hereditary nonpolyposis colorectal cancer）がある．HNPCC は大腸がんの全症例の約 2〜3％を占める．この病気がみられる多くの家系において，疾患感受性遺伝子領域が二つあることがまず明らかにされた．また，ゲノム DNA のなかには 2〜数塩基の繰返し配列（マイクロサテライト）が存在しており，DNA 複製時に繰返し回数のエラーが生じやすく，ミスマッチ修復機構の機能が低下するとマイクロサテライトの反復回数が伸長したり短縮したりして，ばらつきが生じる．HNPCC 患者

のがん細胞でも同様なマイクロサテライト配列の繰返し回数の異常がみられ，大腸菌のミスマッチ修復に働く *MutS* 遺伝子と *MutL* 遺伝子のどちらかの変異型をもった菌内で蓄積されていく異常と非常に類似していることがわかった．さらに，この大腸菌のミスマッチ修復遺伝子と相同な遺伝子に変異をもつ酵母においても同様な異常がゲノム全体に広がっていた．これらの類似性から，ヒトの *MutL* ホモログ（*hMLH1*）とヒト *MutS* ホモログ（*hMSH2*）がそれぞれ，HNPCC の二つの疾患感受性遺伝子領域にあることが確認された．その結果，HNPCC 家系のうち，ある群の人々は *hMLH1* に変異をもっており，別の群では *hMSH2* に変異をもっており，大部分の HNPCC の症例では，MSH2 と MLH1 という二つの重要なミスマッチ修復タンパク質の遺伝子の，生殖細胞系列内の変異によって発症していることが明らかになった．

6・2・2　がん抑制遺伝子と原がん遺伝子

　BRCA1，*BRCA2* や *hMLH1*，*hMSH2* の変異や欠失は発がん率を上げることから，正常なこれらの遺伝子は細胞のがん化を抑えていると考えられ，**がん抑制遺伝子**とよばれている．がん抑制遺伝子として最初に同定されたのは，網膜芽細胞腫（retinoblastoma）の発生に関わる *RB1* 遺伝子である．その遺伝子産物 pRb は転写因子 E2F と結合することで活性を抑制し，細胞周期が S 期に入るのを防いでいる．また，ヒトのがんの半数以上で異常が見つかっているがん抑制遺伝子が *TP53* 遺伝子であり，その遺伝子産物 p53 は DNA 損傷が起こったときに細胞周期を停止させたりアポトーシスを誘導したりする転写因子である．がん抑制遺伝子はゲノム中に存在する二つの対立遺伝子の両方に欠失や変異が入った場合にがん化を導く．

表 6・1　ヒトの代表的ながん抑制遺伝子

遺伝子名	関連する疾病	異常のみられるおもながん	おもな機能
RB1	家族性網膜芽細胞腫	網膜芽細胞腫，肺がん，乳がん，骨肉腫	転写抑制
TP53	リ・フラウメニ症候群	大腸がん，乳がん，肺がん	転写因子
APC	家族性大腸腺腫症	大腸がん，胃がん，膵がん	β カテニン分解
NF1	神経線維腫症 I 型	悪性黒色腫，神経芽腫	GTP アーゼ活性化（Ras 経路の抑制）
VHL	フォン・ヒッペル−リンドウ病	腎がん	ユビキチンリガーゼサブユニット
CDKN2A	家族性悪性黒色腫	悪性黒色腫，食道がん	Cdk 阻害
BRCA1 *BRCA2*	家族性乳がん	乳がん，卵巣がん　卵巣がん，前立腺がん，膵がん	DNA 損傷修復
MLH1 *MSH2*	遺伝性非ポリポーシス大腸がん	大腸がん，食道がん，非小細胞性肺がん　大腸がん，急性リンパ性白血病，非小細胞性肺がん	ミスマッチ修復
PTEN	カウデン病	神経膠芽腫，前立腺がん	PIP$_3$ ホスファターゼ

表 6・2　ヒトの代表的な原がん遺伝子

増殖因子
　PDGF，*VEGF*，*FGF2*，*FGF4*

受容体型チロシンキナーゼ
　EGFR，*KIT*，*CSFR1*，*HER2*，*ROS1*

非受容体型チロシンキナーゼ
　SRC，*YES1*，*FYN*，*SYC*，*BTK*，*ABL1/2*

低分子量 G タンパク質
　HRAS，*KRAS*，*NRAS*

セリン/トレオニンキナーゼ
　MOS，*RAF1*，*BRAF*，*ALT1*

転写因子
　MYC，*MYCN*，*MYB*，*FOS*，*JUN*，*ETS1/2*，*REL*

その他
　PTEN，*CCND1*

*レトロウイルス（科）は，RNAウイルスのなかで逆転写酵素をもつ種類の総称で，ゲノムはプラス鎖の一本鎖RNAである．レンチウイルス亜科のヒト免疫不全ウイルス（human immunodeficiency virus, HIV）であるHIV1型，HIV2型や，オンコウイルス亜科のヒトT細胞白血病ウイルス（human T-cell leukemia virus, HTLV）であるHTLV-1，HTLV-2などがある．

　がん抑制遺伝子の発見よりも前に，発がんを誘導する遺伝子（**がん遺伝子**）がレトロウイルス*から見つかっていた．その最初の例が，ニワトリに肉腫を発生させるラウス肉腫ウイルスから見つかった*src*遺伝子である．*src*遺伝子産物は非受容体型チロシンキナーゼであり，細胞内の種々のタンパク質をリン酸化することにより肉腫を発生させる．その後，*src*のホモログが動物細胞ゲノムからも見つかり，ウイルスの*src*をv-*src*，細胞のもっているものをc-*src*と区別している．c-srcタンパク質の活性は厳密に制御されているが，v-srcタンパク質は恒常的に活性化された状態にある．c-*src*に変異が入るとv-*src*と同じようにがんを誘導しやすくなるため，c-*src*は**原がん遺伝子**（proto-oncogene，がん原遺伝子ともよばれる）とよばれる．その後，多くのがん遺伝子がレトロウイルスから発見され，またそのホモログの原がん遺伝子も発見されており，これらの遺伝子産物には増殖因子（PDGF）やその受容体（HER2など），非受容体型チロシンキナーゼ（Src，Ablなど），セリン・トレオニンキナーゼ（Mos，Rafなど），低分子量Gタンパク質（H-rasなど），転写因子（Myc，Fosなど）が含まれ，いずれも細胞増殖に関わる．原がん遺伝子は，点突然変異，遺伝子増幅，染色体転座，エピジェネティックな変化により，その活性や発現量が増大することで細胞増殖を無秩序に促進する．

　ヒトにおける代表的ながん抑制遺伝子および原がん遺伝子を表6・1，表6・2にまとめた．

　DNA腫瘍ウイルス（アデノウイルス2型・5型，ヒトパピローマウイルス16型・18型，エプスタイン・バール・ウイルス，B型肝炎ウイルス）もがん遺伝子をもつが，これらの産物はがん抑制遺伝子産物pRbやp53の活性を阻害することで発がんを誘導する．

■ 章末問題

6・1　DNAに起こるさまざまな損傷を修復するいくつかの経路があるが，その修復反応によって変異をひき起こす可能性のある修復経路をあげ，その理由を述べよ．

6・2　塩基除去修復は識別，切断，DNA合成，連結の順番で行われるが，それぞれを行うタンパク質をあげよ．

6・3　ヒトにおけるヌクレオチド除去修復は問題6・2と同様に識別，切断，DNA合成，連結の順番で行われるが，それぞれを行うタンパク質をあげよ．さらに，これらのタンパク質に異常があるときに発症する疾患名を述べよ．

6・4　図のデオキシグアノシン一リン酸（dGMP）で，DNA修復を必要とする変化が自然に生じる部位や，塩基のアルキル化や酸化，脱アミノなどの化学反応で損傷されやすい特異的な部位はどこかそれぞれ示せ．

6・5　シトシンがメチル化された5-メチルシトシンの脱アミノ反応は頻繁に起こっ

ており，チミンを産生するが，この脱アミノはヒト DNA の点突然変異の最大の要因
となる理由を説明せよ.

6・6　DNA 複製時にチミン二量体が鋳型鎖にある場合，複製を進めることのできる
DNA ポリメラーゼを述べよ. また，このポリメラーゼによってチミン二量体はどの
ように処理されるか説明せよ.

6・7　なぜ DNA にはウラシルがないのか，DNA の塩基において自然に頻繁に起こ
る脱アミノ反応から理由を考え，説明せよ.

7 遺伝的組換え

概要　遺伝的組換えは，生命の設計図であるゲノム DNA の再編成を介して，生物進化の原動力となる DNA 塩基配列の多様性をつくり出す仕組みである．さらに生物の生存を脅かすさまざまな要因によるゲノム DNA の損傷修復にも関わっており，生命の根幹を成している．また遺伝的組換えは，ノックアウト生物の作製など，ゲノムを人工的に改変する道具として広く利用され，生命科学研究の進歩に大きく貢献している．

行動目標
1. 相同組換えの分子機構を説明できる
2. 部位特異的組換えの分子機構を説明できる
3. 転位の分子機構を説明できる
4. 免疫を担う V(D)J 組換えについて，説明できる

7・1 相同組換え

　相同な配列をもつ二つの DNA 領域が共存すると，両者の間のつなぎ換えがある頻度で生じる．つなぎ換えによる DNA の再編成を **DNA 組換え**とよぶが，特に相同配列の間で起こる DNA 組換えを**相同組換え**という．相同組換えは，たとえば，細菌にとっては致命的な DNA 二本鎖の切断をもとどおりに修復する．また真核生物の場合，生殖細胞における減数分裂の際，両親からそれぞれ受継いだ相同染色体の間で相同組換えによる遺伝情報の交換が行われる．

7・1・1　相同組換えの分子機構——二本鎖切断修復モデルとホリデイ連結

　相同組換えは，DNA の二本鎖切断（DSB）から始まることが多い（§6・1・3e 参照）．図7・1に相同組換えによる DNA 二本鎖切断修復反応の概略を示す．

❶ 相同な姉妹染色分体の一方に DNA 二本鎖切断が導入され，二つの DNA 末端が出現することが引き金となり反応が始まる．

❷ 切断された二本鎖 DNA の各 5′ 末端から DNA 鎖が分解され，3′ 末端が一本鎖として露出する．

❸ この一本鎖は，染色体の相同領域を探し当て，そこにもぐりこんで塩基対を形成する．

❹ 相同領域に侵入した DNA 鎖は，新たな DNA 合成のプライマーとなり，相補鎖を鋳型として DNA 合成が進む．これにより，2) の分解で失われた DNA 領域が再生する．

❺ この段階で DNA が交差する部位を**ホリデイ連結**とよび，相同な配列間で分岐点が移動した結果，2 個のホリデイ連結をもつ組換え中間体ができる（図7・2a）．

　分岐点が移動する間，DNA 末端領域では DNA 鎖の合成が起こり，切断によって失われたゲノム構造は再構成される．最後にホリデイ構造が解離し反応は終了するが，①-①あるいは②-②部位で解離が起こった場合は，切断鎖と切断されていない相同鎖が置換することはない．これを**非交差型組換え**とよぶ（図7・2b）．一方，①-②または②-①部位での解離が起こった場合，切断鎖と相同鎖の外側領域

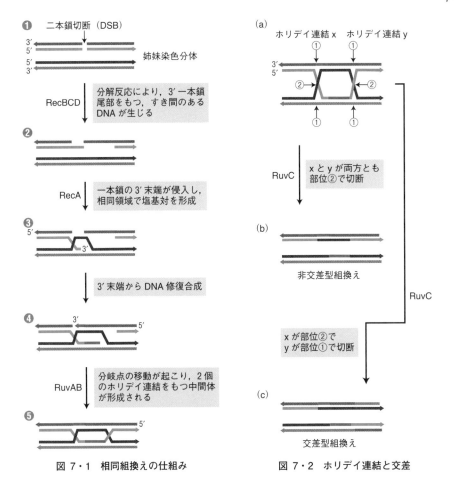

図 7・1　相同組換えの仕組み

図 7・2　ホリデイ連結と交差

が置換される．これを**交差型組換え**とよぶ（図7・2c）．原核生物における姉妹染色体は構造が同じであり，交差型，非交差型で同じ DNA 配列となる．一方，後述するように，真核生物の減数分裂においては相同染色体間の交差型を積極的に起こすことにより，父および母由来の遺伝情報が混合される．

7・1・2　相同組換え反応に関わるタンパク質

　大腸菌の DNA 二本鎖切断修復反応において中心的役割を果たすタンパク質は，RecBCD ヘリカーゼ/ヌクレアーゼと鎖交換タンパク質 RecA である．RecBCD は，切断された DNA 分子を分解して一本鎖 DNA 領域をつくる（図7・1 ❷）だけでなく，RecA が一本鎖 DNA に結合するのを助ける．フィラメント状の RecA-DNA 複合体は，相同配列を探し出して一本鎖 DNA をもぐりこませる活性をもつ（図7・1 ❸）．組換え反応の後半では，ホリデイ連結を認識する RuvAB 複合体が分岐点移動を促進し（図7・1 ❺），RuvC エンドヌクレアーゼがホリデイ連結を切り離す（図7・2）．真核生物では，RecA とアミノ酸配列がよく似た Rad51 タンパク質が鎖交換に働く．また，RecBCD に相当する活性をもつ MRX タンパク質が知られており，相同組換えの反応機構には，原核生物と真核生物の間で，生物種を越えた共通性がある．

7・1・3 減数分裂期組換え

　真核細胞では，相同組換えが減数分裂において重要な役割を果たしている．減数分裂では，二倍体細胞（2n）の DNA 複製による DNA 含量の倍加（4n）の後，2回の核分裂が起こり，1n のゲノムをもつ配偶子がつくられる（図7・3）．両親から１本ずつ受継いだ相同染色体が複製されると，姉妹染色分体が結合したまま対となる．つづいて相同染色体が対合するが，この段階で交差型の相同組換えが起こることが，減数分裂が進行するために必要である．減数第一分裂では，組換えによってゲノムを交換した父方2組，母方2組の相同染色体（それぞれ姉妹染色分体は結合したまま）が分配される．減数第二分裂では，DNA 複製を経ずに姉妹染色体が分配され，1n のゲノムをもつ配偶子ができる．減数分裂期の組換えは，体細胞における組換えよりも 100 倍以上高い頻度で起こり，染色体上の組換えホットスポットとよばれる特定の部位で DNA 二本鎖切断が起こることで始まる．この DNA 二本鎖切断は，減数分裂期に特異的なタンパク質である Spo11 が担っている．二本鎖 DNA が切断された後，ヌクレアーゼ（MRX 複合体）による一本鎖 DNA の形成，RecA 相同タンパク質である Rad51/Dmc1 による相同鎖検索と鎖交換が行われる．以後，ホリデイ連結形成と分岐点移動，そしてホリデイ連結解離に至る過程は原核生物と同様だが，組換え反応が姉妹染色分体間でなく，相同染色体間で選択的に起こる点が異なる．

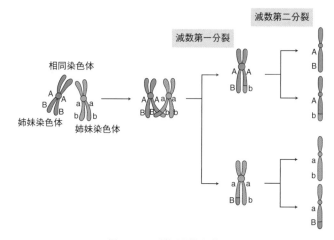

図 7・3 減数分裂期組換え

7・2 部位特異的組換え

　相同組換えが一定以上の長さにわたる相同 DNA 鎖間の塩基対形成を介して起こるのに対し，**部位特異的組換え**は特定の短い配列で起こり，その配列を認識する組換え酵素によって DNA 鎖の切断と再結合が行われる．

　代表的な部位特異的組換えの例として，バクテリオファージの細菌ゲノムへの組込みがある．大腸菌に感染した λ ファージは，活動しない溶原状態，ファージが増える溶菌性増殖のいずれかになる*．溶原状態においては，ファージ DNA 上の組換え部位（*attP*）と大腸菌ゲノム上の組換え部位（*attB*）の間の部位特異的組換えにより，λ ファージ DNA が大腸菌ゲノムに組込まれる（図7・4）．この組込み

---

*　λ ファージは大腸菌に感染する代表的なバクテリオファージである．感染後，λ ファージの DNA は宿主ゲノムに組込まれ，宿主の増殖とともに受け継がれる（**溶原状態**）．紫外線などの刺激により，ファージ DNA は宿主染色体から切り出され，宿主の複製・発現機構を利用して増殖し，大腸菌の細胞壁を破壊してファージ粒子が外に飛び出す（**溶菌性増殖**）．

反応においては，λファージにコードされる Int タンパク質が組換え部位に結合し，DNA 鎖の切断と再連結を触媒する．一方，大腸菌ゲノムが損傷を受けて溶菌性増殖に移行する際に発現誘導される Xis タンパク質が，大腸菌ゲノム上の *attL*，*attR* 部位からのファージ DNA の切り出しを促進し，切り出されたファージ DNA から新しいファージがつくられる．環状 DNA として溶原状態となる P1 ファージの場合，ファージの組換え酵素（Cre）が，同一配列（loxP）間での部位特異的組換え反応を触媒している．Cre は異種細胞内でも効率よく機能することから，遺伝子工学の道具として利用されている．

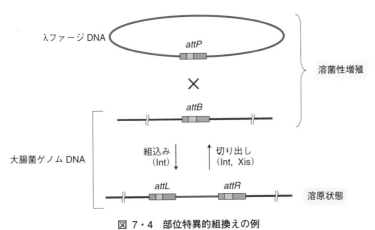

図 7・4　部位特異的組換えの例

コラム 2　　ゲノム編集

　ゲノム編集は，人工的に作製した DNA エンドヌクレアーゼにより DNA の特定の部位に二本鎖切断を誘導し，細胞のもつ修復過程を利用して，目的の遺伝子を自由に改変する技術である．部位特異的エンドヌクレアーゼとしては，**ZFN**（zinc finger nuclease），**TALEN**（transcription activator-like effector nuclease），**CRISPR/Cas9**（clustered regularly interspaced short palindromic repeats/crispr associated protein 9）が用いられる．

　ZFN はジンクフィンガードメインとヌクレアーゼドメイン（多くは制限酵素である Fok I）からなる人工的な制限酵素で，ジンクフィンガードメインは任意の DNA 塩基配列を認識するように改変可能である．これによって ZFN はゲノム中の単一の配列を標的とすることが可能となる．

　TALEN は，Fok I と植物病原細菌キサントモナス属から分泌される TALE タンパク質の DNA 結合ドメインを融合させた人工制限酵素である．DNA 結合ドメインは，34 アミノ酸の 18 回繰返しで構成され，繰返し配列の 12 番目と 13 番目のアミノ酸は可変であり，これを適切に変化させることで DNA 結合特異性が得られる．

　CRSPR/Cas9 では，RNA 誘導型ヌクレアーゼ Cas9 と，標的配列に相補的な RNA と Cas9 の足場となる RNA 配列をつないだシングルガイド RNA（single guide RNA，sgRNA）を細胞に発現させることで，ゲノム DNA の部位特異的切断を誘導する．

　二本鎖切断を起こした DNA は，多くの場合，非相同末端結合（NHEJ）により修復されるが，その際に数塩基から数十塩基の欠失や挿入が起こり，標的遺伝子の機能が阻害される．また，二本鎖切断部位の 5′ 側と 3′ 側に相同な領域を両端にもつ DNA を同時に導入すると，これを鋳型とした相同組換え修復が起こり，任意の配列を目的の部位に導入することができる．これにより，特定の変異の誘導や他の遺伝子［たとえば緑色蛍光タンパク質（GFP）など］の導入が可能となる．

　現在では，どのような部位にも応用できること，ヌクレアーゼの構築が簡単であること，ターゲッティング効率が高いことなどから CRISPR/Cas9 がおもに用いられているが，目的遺伝子以外の配列の変化を起こす効率がやや高いことに注意が必要である．

7・3　転　　位

　転位は，ある遺伝因子がゲノム DNA のある部位から別の部位へ移動する際に起こる遺伝的組換えである．この可動性の遺伝因子を**転位因子**，あるいは**トランスポゾン**とよぶ（§4・2・4 参照）．部位特異的組換えは二つの特定の配列の間で起こるが，転位はトランスポゾンの特定の配列とゲノム上の非特異的配列との間で起こる．よってトランスポゾンはゲノム内のさまざまな場所に転位し，ときには遺伝子内に入り込んでその機能を破壊したり，発現を変化させることがある．トランスポゾンはあらゆる生物のゲノムに存在するが，ゲノム塩基配列のうちトランスポゾンと関連するものの割合は，たとえばヒトでは 50% 近くと非常に大きい．トランスポゾンは大まかに，転位の過程を通して DNA のまま存在する **DNA トランスポゾン**と，RNA 中間体を経て DNA 上の別の部位へ転位する**レトロトランスポゾン**に分けられる．

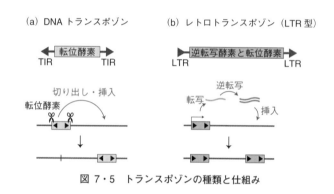

図 7・5　トランスポゾンの種類と仕組み

7・3・1　DNA トランスポゾン

TIR: terminal inverted repeat

　DNA トランスポゾンの基本構造は，組換え部位となる両末端の逆向き反復配列（TIR），および逆向き反復配列と宿主 DNA の塩基配列の間の組換えを触媒する転位酵素（トランスポザーゼ）をコードする遺伝子からなる．最も単純な転位反応である，複製を伴わない DNA トランスポゾンの転位の仕組みを図 7・5（a）に示す．まず転位酵素がトランスポゾン DNA 両端の逆向き反復配列に結合してそれを宿主DNA から切り出す．切断は宿主 DNA とトランスポゾン DNA の連結している部位で起こる．切り出されたトランスポゾン DNA は宿主ゲノム上の別の標的部位（任意の配列）に組込まれる．このようにトランスポゾンがもとの場所から消失する転位様式を，**カット＆ペースト型転位**という．

7・3・2　レトロトランスポゾン

LTR: long terminal repeat

　レトロトランスポゾンは，RNA として発現して逆転写により DNA となり，その DNA が宿主ゲノムに転位するのが特徴である．レトロトランスポゾンには，末端に長い反復配列（LTR）をもつ LTR 型のもの（**レトロウイルス様レトロトランスポゾン**）と，末端には短い反復配列しかない**非ウイルス型レトロトランスポゾン**

（ポリ A レトロトランスポゾン）があり，ここでは前者の転位の仕組みを説明する*.

　図 7・5 (b) に示すように，LTR 型のレトロトランスポゾンでは両端に LTR 配列が同じ向きで存在しており，組換え酵素が結合して作用する逆向き反復配列もこの LTR 配列の内部に含まれる．また LTR 配列の間には，転位に必要な転位酵素とRNA を鋳型にして DNA を合成する逆転写酵素をコードする遺伝子が配置されている．まず一方の LTR 配列に含まれるプロモーターから，宿主細胞の RNA ポリメラーゼにより RNA が転写される．この RNA から逆転写酵素により二本鎖 DNA 分子（cDNA）が合成され，転位酵素によって DNA トランスポゾンと類似する仕組みで宿主ゲノムに組込まれる．DNA トランスポゾンとは異なり，オリジナルの配列を残したまま，新しく別の場所に挿入が起こるレトロトランスポゾンの転位様式を**コピー&ペースト型転位**とよぶ．レトロトランスポゾンのふるまいは RNA ゲノムをもつレトロウイルスと非常に共通性が高く，共通の祖先に由来していると考えられている．

* §4・2・4でトランスポゾンの例としてあげた SINE やLINE は非ウイルス型レトロトランスポゾンに分類される．SINE と LINE は独自のプロモーターをもたない．さらにSINE はタンパク質をコードする配列ももたない．

7・4　V(D)J 組 換 え

　脊椎動物の免疫系は，生存を脅かす外来の病原体を識別し排除する．**抗原**である病原体が体内に入ると，それと特異的に結合する**抗体**が成熟した B 細胞（抗体産生細胞）でつくられ異物として認識されるが，抗原となる外来分子には莫大な種類があるため，それに対応する抗体にも多様性が必要となる．これを生み出す機構が体細胞におけるゲノム DNA の再編成を伴う **V(D)J 組換え**であり，転位と共通するメカニズムで起こると考えられている．

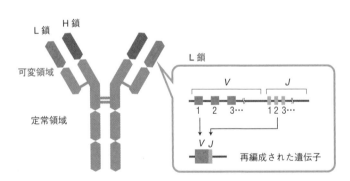

図 7・6　抗体の構造と V(D)J 組換え

　抗体（免疫グロブリン）は，2 本の H 鎖（重鎖）と 2 本の L 鎖（軽鎖）からなるタンパク質である（図 7・6）．H 鎖と L 鎖は，いずれも N 末端側の V（可変）領域とそれに続く C（定常）領域からなり，V 領域のアミノ酸配列の多様性が，抗原に対する結合特異性を担っている．また，B 細胞から抗体産生細胞へと分化する過程において，細胞ごとにアミノ酸配列が異なる V 領域をもつ抗体タンパク質を発現するようになる．マウス L 鎖の例を図に示したとおり，抗体遺伝子座は V 領域をコードする多数の遺伝子断片（約 300 個の *V* 断片と 4 個の *J* 断片，それぞれ塩基

H 鎖: heavy chain
L 鎖: light chain
V 領域: variable region
C 領域: constant region

配列が少しずつ異なる）と一つの C 領域をコードする遺伝子断片から構成されている．それぞれの B 細胞が分化する過程で，V 断片と J 断片が一つずつ任意に選ばれて C 領域断片と連結され，L 鎖をコードする遺伝子がつくられる．その結果，300×4＝1200 種類の L 鎖ができることになる．H 鎖の遺伝子座はさらに複雑であり，約 100 個の V 断片，12 個の D 断片，4 個の J 断片が V(D)J 組換えで再構成され，4800 種以上の H 鎖ができる．さらに，抗体分子は任意の H 鎖と L 鎖の組合わせからなるので，より大きな多様性が構築される．なお，同様に異物認識に関わる T 細胞の細胞表面に存在する T 細胞受容体遺伝子でも，同じようなゲノム DNA の再編成が行われる．

　V(D)J 組換えは，トランスポゾンの切り出しに似た仕組みで起こる．各断片に隣接して組換え信号配列とよばれる組換え配列が存在し，この配列に組換え酵素複合体が結合し，切断と再結合を起こすことにより V 断片と J 断片の間の配列が切り出される．

■ 章 末 問 題

7・1　相同組換え反応開始のきっかけとなる DNA 鎖の構造変化は何か，答えよ．

7・2　真核生物の減数分裂で起こる相同染色体間の交差は，生物の進化における重要な結果をもたらす．この結果とは何か答えよ．

7・3　相同組換えと部位特異的組換えの違いについて説明せよ．

7・4　相同組換え反応に関わるタンパク質のうち，原核生物の RecA と RecBCD に相当する，真核生物のタンパク質の名称をそれぞれ答えよ．

7・5　カット＆ペースト型の転位様式を示すトランスポゾンの種類を答えよ．

7・6　脊椎動物の体細胞において，ゲノム DNA の再編成 [V(D)J 組換え] を起こす細胞種を二つ答えよ．

7・7　V(D)J 組換えのメカニズムは相同組換え，部位特異的組換え，転位のいずれに近いか？答えよ．

1～7章では，遺伝情報の本体である DNA の構造と複製を中心に，変異と修復，組換えなど，遺伝情報の維持と変化までをみてきた．ここからは，遺伝情報の発現（転写，翻訳）について，セントラルドグマに沿って学んでいこう．まずこの章では，最初のステップである転写（DNA を鋳型としてその遺伝情報を RNA に写し取ること）について概説する．

┌─ 行動目標 ─────────────────────
1. 細菌の転写における開始，伸長，終結の分子機構について説明できる
2. 真核生物の RNA ポリメラーゼの種類，遺伝子のプロモーター領域，基本転写因子について説明できる
3. 真核生物の転写の分子機構のうち，転写因子の相互作用について説明できる
4. 真核生物における RNA プロセシングを説明し，また，その意義について説明できる
└──────────────────────────────

8・1 転写の概要

転写は，DNA を鋳型として核酸を合成するということにおいては複製と共通だが，重合するヌクレオチドが異なる．複製ではデオキシリボヌクレオチドを重合して DNA を合成するのに対し，転写ではリボヌクレオチドを重合して RNA を合成する．反応を触媒する酵素は，複製では DNA ポリメラーゼであるのに対し，転写では RNA ポリメラーゼである．まず，転写における反応の担い手である RNA ポリメラーゼについてみていこう．

8・1・1 RNA ポリメラーゼ

RNA ポリメラーゼは，DNA を鋳型として相補的に RNA を合成する酵素である．この酵素は，鋳型 DNA 上で図 8・1(a)の反応を触媒し，RNA の 3′ 末端にリボヌクレオシド三リン酸（ribonucleoside triphosphate, NTP: ATP, CTP, GTP, UTP）を用いてヌクレオシド一リン酸をつないでいく．

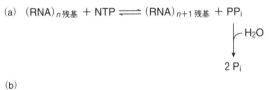

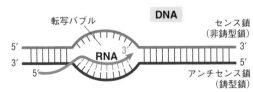

図 8・1 転写の概要

　RNA ポリメラーゼは鋳型 DNA 鎖（アンチセンス鎖）上を 3′ から 5′ の方向に進みながら，鋳型鎖の塩基が A であれば UTP，C であれば GTP，G であれば CTP，T であれば ATP を基質として重合を触媒し，RNA の鎖を 5′ から 3′ 方向に伸ばし

ていく（図8・1b）.

　RNAポリメラーゼの構造は，原核生物でも真核生物でも非常によく似ている．最もシンプルな真正細菌RNAポリメラーゼの**コア酵素**は，**α**サブユニット2個と**β**，**β′**，**ω**サブユニット各1個からなる．このうち大きなβおよびβ′サブユニットがカニのはさみのような構造をとり，このはさみの根元にMg^{2+}を含む活性中心がある（図8・2）．真正細菌以外の生物（古細菌や真核生物）のRNAポリメラーゼは，もっと多くのサブユニットからなるが，いずれも細菌のサブユニットとよく似た構造のサブユニットを共通してもっている．真核生物のRNAポリメラーゼにはⅠ，Ⅱ，Ⅲの3種類があり，**RNAポリメラーゼⅠ**は45S rRNA前駆体（5.8S，18S，28S rRNA前駆体）を，**RNAポリメラーゼⅡ**はmRNAを，**RNAポリメラーゼⅢ**はtRNAや5S rRNAなどの小さなRNAを，それぞれの遺伝子から転写する．これらのRNAポリメラーゼは完全に役割を分担しており，他のクラスのRNAを転写することはない．

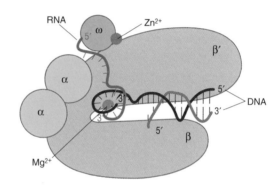

図 8・2　細菌のRNAポリメラーゼのコア酵素とDNA，RNAの複合体

　真正細菌のRNAポリメラーゼは，コア酵素のほかに**σサブユニット**（σ因子ともいう）をもち，σをあわせた全サブユニットを含む酵素を**ホロ酵素**とよぶ．このσサブユニットが転写開始を指令するプロモーター配列を認識して結合し，RNA合成が始まり，その後σサブユニットが離れてコア酵素が伸長反応を行う．真核生物のRNAポリメラーゼはσサブユニットをもたず，代わりに複数の基本転写因子がRNAポリメラーゼのプロモーターへの結合と転写開始に関与している．

8・1・2　転 写 周 期

　転写の過程は，大きく**開始**，**伸長**，**終結**の3段階に分けられる（図8・3）．まず，開始段階では，RNAポリメラーゼが**プロモーター**とよばれる転写開始の目印となる配列に結合する．そのときにはまだDNAは二本鎖を保ったままの状態であり，この複合体を**閉鎖型複合体（クローズ複合体）**とよぶ．やがてDNAの二本鎖に転写バブル（DNAの二本鎖が開いた形）が形成され，**開放型複合体（オープン複合体）**となって転写が開始される．その後，RNAポリメラーゼがプロモーターから離れると，**伸長**の段階に入り，連続的にRNA鎖の伸長が行われる．**終結**の段階になると，ポリメラーゼは転写を終え，RNAが解放される．

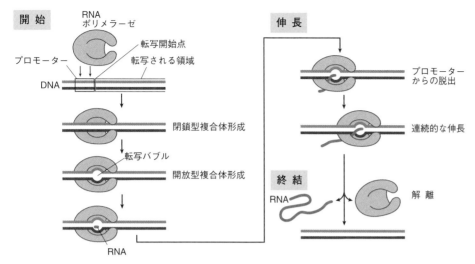

図 8・3　転写の開始，伸長，終結

8・2　原核生物の転写

まず，真核生物と比較して単純な大腸菌の転写からみていこう．

8・2・1　プロモーター

プロモーターは，転写開始時にRNAポリメラーゼが結合する場所で，転写に不可欠なDNA領域である．大腸菌では，転写開始点の10塩基上流付近と35塩基上流付近に，遺伝子間でよく保存された塩基配列がみられる（図8・4）．この領域をそれぞれ**−10ボックス（プリブナウボックス）**，**−35ボックス**とよぶ．そのほか，さらに上流に**UP配列**をもつ場合（rRNA遺伝子など），−35配列の代わりに延長した−10領域をもつ場合（*gal*遺伝子群など），−10の下流に弁別要素とよばれる配列をもつ場合などもある．

UP 配列：UP element, 上流要素ともいう．

−35 ボックス　　　　　　　　　　−10 ボックス　　　　　転写開始部位
T T G A C A … 16〜19 bp … T A T A A T … 5〜8 bp … N
（A, C, G, T）

図 8・4　大腸菌 σ⁷⁰（主要 σ 因子）認識プロモーターのコンセンサス配列

8・2・2　転写の開始と伸長

大腸菌での転写は，RNAポリメラーゼ**ホロ酵素**の**σサブユニット**がプロモーターの−10ボックスと−35ボックスを認識して結合することにより始まる．σサブユニットには，−35ボックスと−10ボックスの間の距離に対応するように，約75 Åの距離でDNA結合モチーフである α ヘリックスが存在している．

このように大腸菌では，RNAポリメラーゼのプロモーターへの結合に σ サブユニットが不可欠であるが，σ サブユニットに加えて他のサブユニットがDNAに結合する場合もある．rRNA遺伝子は−10ボックス，−35ボックスに加えUP配列をもつが，ここには α サブユニットのC末端のドメインが結合する．

(a) 閉鎖型複合体

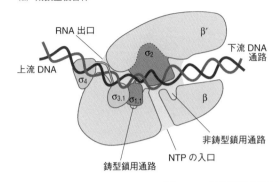

(b) 開放型複合体

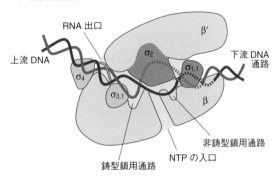

図 8・5 閉鎖型複合体(a)から開放型複合体(b)への移行

　このように σ サブユニットなどの働きで RNA ポリメラーゼホロ酵素が DNA に結合するが，結合直後は DNA はまだ二本鎖の状態で閉じており，複合体は閉鎖型複合体の状態である．**閉鎖型複合体**から**開放型複合体**への移行には，RNA ポリメラーゼとプロモーターの構造変化が伴う（図 8・5）．RNA ポリメラーゼのタンパク質構造には五つの通路，すなわち，基質 NTP の入り口，反応産物 RNA の出口，鋳型鎖の通路，非鋳型鎖の通路，下流 DNA の通路がある．閉鎖型から開放型複合体に移行するとき，RNA ポリメラーゼのはさみの部分が下流 DNA をしっかり固定すると同時に，鋳型鎖用通路をふさいでいた σ サブユニットの N 末端領域が酵素の表面側に移動し，鋳型鎖が専用通路に入ることができるようになる（図 8・5b）．σ サブユニットの −10 ボックスへの結合に関わる領域の α ヘリックスには芳香族アミノ酸が数個含まれており，非鋳型鎖を安定化し，開放型複合体の維持に貢献している．

　DNA ポリメラーゼではプライマーとなる RNA 断片が必要であったが，RNA ポリメラーゼによる転写ではプライマーは必要ない．ただし，最初（ほとんどの場合 T）もしくは 2 番目のヌクレオチドが RNA ポリメラーゼと結合した状態で，反応が進みやすい向きにしっかりと固定されていなければならない．この結合にはホロ酵素のさまざまな部分が関与している．

　RNA ポリメラーゼは，プロモーターからの脱出に何度も失敗しながら，10 ヌクレオチド未満の短い RNA をつくっては放出，を繰返す．このとき，RNA ポリメラーゼは，静止したまま下流の鋳型鎖 DNA を内側へ引き込みながら，短い RNA を合成，放出していると考えられている．

　この試行錯誤の後，RNA ポリメラーゼはプロモーターから脱出する．RNA ポリメラーゼが脱出するには，RNA ポリメラーゼとプロモーターの結合の切断が必要となり，そのためにはプロモーターと結合している σ サブユニットをコア酵素から解離する必要がある．RNA 鎖が 10 ヌクレオチド以上になると，RNA 出口通路をふさいでいる σ サブユニットを追い出してホロ酵素から外し，酵素は**コア酵素**となる．こうしてプロモーターに結合している σ サブユニットから離れたコア酵素は，鋳型上を移動して RNA 鎖の伸長を続ける．

　伸長中の RNA ポリメラーゼは，RNA の合成と校正をしながら進む．**転写バブル**の大きさは伸長過程を通して一定であり，鋳型と塩基対をつくるのは 8〜9 個のヌ

クレオチドだけである。転写が終わった転写バブルの上流域のDNAは，すぐに
RNAが解離するため，1個の遺伝子DNA上の複数箇所で同時に転写が進行し，ま
た同時に翻訳まで行わせることができる。このことが大腸菌での迅速な遺伝子発現
調節を可能にしている。転写速度自体も高速で，大腸菌の *in vivo* での転写速度は，
37℃で毎秒20〜50ヌクレオチドである。

　RNAポリメラーゼによる**校正**には，加二リン酸分解による校正と加水分解によ
る校正がある。加二リン酸分解による校正は合成反応の逆反応であるのに対し，加
水分解による校正では酵素が後戻りして間違いのある塩基配列を切取って除去す
る。エラー頻度は約 10^4 塩基当たり1個であるが，より精度の高い複製と比べると
エラー頻度は高い。

　RNAポリメラーゼは損傷したDNA上で立ち往生状態となることがある。その場
合には転写と共役した修復機構が働き，RNAポリメラーゼがDNAから解離すると
ともに修復酵素が招集される。

8・2・3　転写の終結

　転写の終結は，**ターミネーター**配列によって指令される。ターミネーターには2
種類が知られている。**ρ依存性ターミネーター**と**ρ非依存性ターミネーター**である。

　ρ依存性ターミネーターは，ρ因子の結合部位（rho utilization site；rut部位，特
異性は高くない）をもつ。そこにρ因子が結合すると，ρ因子のヘリカーゼ活性に
より，RNAは鋳型鎖から解離し放出される。ρ因子は六量体で，サブユニットが
環状に配置するが，その環は平面に閉じた形ではなくらせん状である。らせんの真
ん中をRNAが通ることができる。

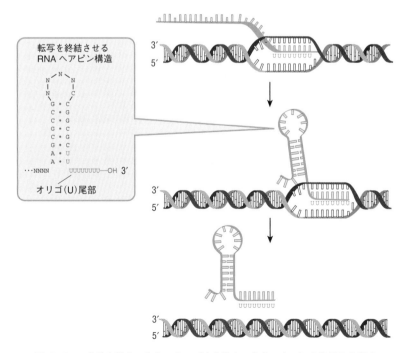

図 8・6　ρ非依存性ターミネーター（内在性ターミネーター）の作用の仕組み

ρ 非依存性ターミネーターは，ρ などの終結因子を必要としないことから，**内在性ターミネーター**ともよばれる．このターミネーターは RNA に転写されてから働くが，この RNA は 3′ 末端に回文配列によって形成される**ステムループ構造**（ヘアピンのような構造であることから**ヘアピン構造**ともよばれる）とその下流に U が 8 個ほど連続した配列 UUUU…をもつ（図 8・6）．転写によりヘアピン構造の RNA が生じると，RNA ポリメラーゼが足止めされ，RNA ポリメラーゼのコンホメーション変化により伸長複合体が壊れて転写が終結する．そしてそれに続く UA 塩基対の結合が弱いため，RNA が鋳型 DNA から解離されることになる．

8・3 真核生物の転写

真核生物の転写は，細菌の場合とは異なり，RNA ポリメラーゼ I，II，III という 3 種類の RNA ポリメラーゼが異なるクラスの RNA（それぞれクラス I，II，III）の合成を分担している（§8・1・1参照）．また，大腸菌では σ サブユニットによってプロモーターの認識が行われていたが，真核生物の場合には**基本転写因子**がプロモーターへの結合に関与している．さらに，真核生物の場合には，鋳型となる DNA がヌクレオソームの形をとって凝集しているため，クロマチン再構成因子やヒストン修飾酵素が転写制御に関わっている点も大きな違いである*．この節では，まず最もよく研究されている RNA ポリメラーゼ II による転写を詳しくみた後，RNA ポリメラーゼ I と III についてみていこう．

*転写制御については第 10 章参照．

8・3・1 RNA ポリメラーゼ II のプロモーター

RNA ポリメラーゼ II は膨大な種類の mRNA の合成に関与しており，プロモーターも非常に複雑で多様である．転写開始部位を含む 40〜50 塩基のコアプロモーター配列（図 8・7）と，上流域にもプロモーターをもつ．

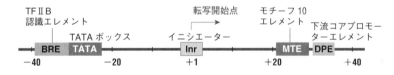

図 8・7 RNA ポリメラーゼ II のコアプロモーター

コアプロモーター領域にあるエレメントのうち最もよく知られているのは −25〜−31 位の AT に富む配列 **TATA ボックス**である．すべての遺伝子が TATA ボックスをもつわけではなく，全体の 1/3 がもっている．他の遺伝子の多くは，転写開始点を含む**イニシエーター（Inr, 開始）配列**と，モチーフ 10 エレメント（MTE）もしくは下流コアプロモーターエレメント（DPE）とよばれるプロモーターエレメントをもつ．TATA ボックスのすぐ上流には TFIIB 認識エレメント（BRE）がある．

さらに上流にも，CCAAT ボックス（−90〜−70 付近）もしくは GC ボックス（ハウスキーピング遺伝子の −60〜−40）をもつ場合がある．

Inr: initiator
MTE: motif 10 element
DPE: downstream core promoter element
BRE: TFIIB recognition element

8・3・2 転写開始複合体

　真核生物の RNA ポリメラーゼは，細菌と異なり σ 因子をもたない．代わりに 6
種類の**基本転写因子**が，RNA ポリメラーゼのプロモーターへの結合を促進する．
基本転写因子は真核生物に広く保存されている．転写因子（transcription factor）
の頭文字をとり，後にポリメラーゼの分類を加え，たとえばクラス II の場合には，
TFⅡA，B，D，E，F，H と名づけられている．これらの因子と RNA ポリメラー
ゼ II が DNA に順次結合し，**転写開始複合体**を形成する（図 8・8）．

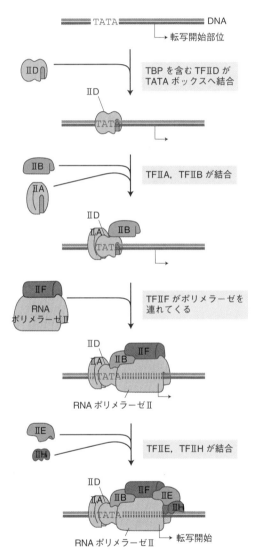

図 8・8　転写開始複合体の形成　［L. Zawel, D. Reinberg, *Curr. Opin.
Cell Biol., **4**, 490（1992）をもとに作成］

　一番わかりやすい TATA ボックスをもつ遺伝子の転写開始について述べる．ま
ず，TATA ボックスに **TATA 結合タンパク質**（TATA-binding protein, TBP）が結合
する．TBP は α ヘリックスと β シートを含むドメイン 2 個が 2 回対称に配置した
くら型構造をもち，β シートを DNA の副溝に入れ，副溝をほとんど平らになるま

で押し広げ，DNA を 80° も曲げる（図 8・9）．そこに TBP 随伴因子（TBP associ-ated factor，TAF，ヒトでは 14 個のサブユニットからなる）が結合する．TBP と TAF を合わせた複合体が **TF ⅡD** である．次にプロモーター領域に結合した TF Ⅱ D に，**TF ⅡA** と **TF ⅡB** が結合する．つづいて，**TF ⅡF** が **RNA ポリメラーゼⅡ** と結合した形で複合体に入る．このとき，RNA ポリメラーゼⅡは TF ⅡB とも接触しており，TF ⅡB が TATA ボックスに結合した TBP と RNA ポリメラーゼをつないでいる．さらに **TF ⅡE** と **TF ⅡH** が順次結合し，転写開始複合体が完成する（図 8・8 参照）．TF ⅡH がもつ ATP 加水分解活性と**ヘリカーゼ活性**の働きで，開放型複合体ができるとともに，TF ⅡH がもつ**キナーゼ活性**により RNA ポリメラーゼⅡのサブユニットがリン酸化され，転写が開始される．

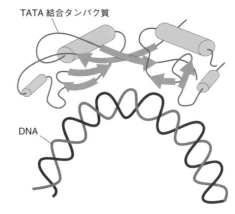

図 8・9　TATA 結合タンパク質（TBP）の DNA への結合

TATA ボックスをもたないプロモーターでも，同様にして転写開始複合体ができる．この場合には，Inr 配列が TF ⅡD を引きつけると TBP が結果的に −30 領域に結合し，同様にして転写開始複合体ができると考えられている．

in vitro では基本転写因子だけでも転写が起こるが，*in vivo* ではさらに活性化因子が必要である．DNA の**エンハンサー**領域（転写の活性化に必要とされる領域）

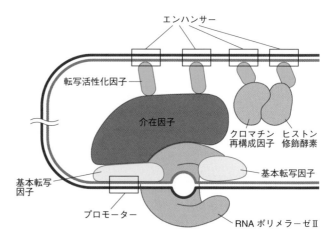

図 8・10　転写開始に必要な活性化因子

に結合した**活性化因子**が，転写開始複合体をプロモーターに引きよせたり，**クロマチン再構成因子**や**ヒストン修飾酵素**を引きよせる（図 8・10）．活性化因子と転写開始複合体の間には，**介在因子**が存在する．介在因子は 20 個以上のサブユニットを含む巨大な複合体で，それぞれのサブユニットの構造は広く真核生物で保存されている．

8・3・3 転写の伸長と終結

RNA ポリメラーゼ II の大きいサブユニット（Rpb1，β′ サブユニットのホモログ）の **C 末端ドメイン（CTD）**には，Tyr-Ser-Pro-Thr-Ser-Pro-Ser の特徴的な繰返し配列がある．繰返しの回数は生物によって異なるが，ヒトでは実に 52 回もの繰返し配列である．この領域が TF II H によって**リン酸化**されると，転写が始まり，さらに P-TEFb によりリン酸化されると伸長が始まる．TF II F と TF II H 以外の基本転写因子はプロモーターに残され再利用されるため，転写の効率は高く保たれる．基本転写因子の放出とともに，エロンゲーター（伸長タンパク質）が CTD に結合し，伸長を加速する．この CTD のリン酸化パターンによりさまざまな因子が結合し，**プロセシング**や**終結**にも関与する．

CTD：carboxy terminal domain

転写は，鋳型鎖が"壁"にぶつかって約 90° 曲がることによって可能となり，一度始まると連続的に起こる．Rpb2（β サブユニットのホモログ）のクランプ（留め金）とよばれる部分が DNA を割れ目にはめ込み，外れないようにするためである．基質であるリボヌクレオチドはポリメラーゼのろうと側から供給される．混成らせんが一巻きすると，クランプにある"舵"ループが RNA と DNA を分離させる．RNA ポリメラーゼ II には校正機能もある．RNA ポリメラーゼ II は，TF II S にリボヌクレオチド間のホスホジエステル結合を加水分解させて校正を行う．真核生物のRNA ポリメラーゼ II は，細菌の RNA ポリメラーゼと比較すると大きさは一回り大きく，サブユニットも 7 個余分にあるにもかかわらず，構造とその機能は非常によく似ていることがわかる（図 8・11）．

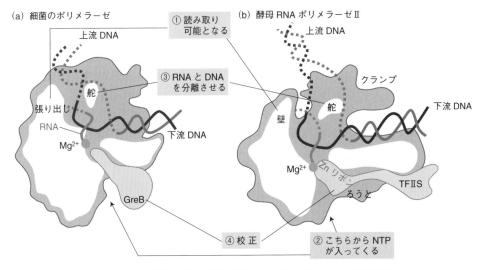

図 8・11 原核生物(a)と真核生物(b)の RNA ポリメラーゼの比較

転写の終結については，真核生物の mRNA 合成では細菌と違って終結シグナルはないが，**ポリアデニル化配列**の下流の特定配列でエンドヌクレアーゼが働いて RNA が切断されて**ポリ(A)**が付加されるため，結果的に mRNA は同じ配列となる．

8・3・4　RNA ポリメラーゼ I とⅢによる転写

RNA ポリメラーゼ I は，リボソーム形成の場である核小体に局在し，5S rRNA 以外の rRNA の前駆体（45S pre-rRNA）を合成する．rRNA は全 RNA 中の膨大な量を占めるため，遺伝子は複数コピー存在し，常に活発に転写されている．各遺伝子のコピーは相同で，それぞれのプロモーターも相同である．

真核生物のプロモーターは非常に多様であり，RNA ポリメラーゼの種類ごとに特徴がある．RNA ポリメラーゼ I の場合には，−31〜＋6 のコアプロモーターエレメントと−187〜−107 の上流プロモーターエレメントからなる．コアプロモーターエレメントは転写開始点の下流にもわたっている．真核生物は細菌と異なり σ 因子をもたないが，これらのプロモーター配列に基本転写因子が結合し，RNA ポリメラーゼ I を招集する．

RNA ポリメラーゼⅢのプロモーターは，転写開始点の上流にある場合もあるが，完全に下流にある場合もある．下流にある場合には，転写因子が結合することにより，上流に RNA ポリメラーゼを招集する．

RNA ポリメラーゼ I やⅢによる転写も，RNA ポリメラーゼⅡと同様に基本転写因子を必要とするが，それぞれのクラスに特有の基本転写因子を用いる．これらのプロモーターには RNA ポリメラーゼⅡのプロモーターでよくみられる TATA ボックスはないが，転写開始には TBP が必要である．TBP は，RNA ポリメラーゼの種類ごとに別々の TAF を引きつけ，転写を開始させる．

8・4　真核生物における RNA のプロセシング

原核生物と異なり，真核生物では，DNA の遺伝子領域が転写されて mRNA ができる過程で，mRNA に修飾が施される．この修飾を **RNA プロセシング**とよぶ．プロセシングを受ける前の転写産物を**一次転写 mRNA（一次転写産物）**とよび，プロセシングを受けた後の産物を**成熟 mRNA** とよぶ*．RNA プロセシングには三つの種類があり，それぞれ **5′-キャップ形成**，**RNA スプライシング**，**3′-ポリアデニル化**とよばれる（図 8・12）．これらの RNA プロセシングの過程を一つ一つみていこう．

8・4・1　5′-キャップ形成

一次転写 mRNA ができる過程で，5′ 末端の最初のヌクレオチドに三リン酸を介して 5′-5′ の向きでグアノシンが付加され，7 位がメチル化されて 7-メチルグアノシンになる．さらにもとの 1 番目と 2 番目のヌクレオシドのリボースの 2′ 位もメチル化される．この現象を **5′-キャップ形成**とよぶ（図 9・17 参照）．このキャッ

＊ 成熟 mRNA がつくられる過程を理解しやすくするために，便宜上，プロセシングを受ける前の転写産物を一次転写産物とよんでいるが，実際には細胞内にプロセシングを受けていない完全長の一次転写産物は存在しない．なぜなら，転写とプロセシングはある程度並行して進行しているからである．

プ形成は，RNA ポリメラーゼ II の Rpb1 の CTD に結合しているキャップ形成因子
により行われる．したがって，キャップ形成は，転写のかなり早期に行われる．

　5′-キャップは，成熟 mRNA の分解耐性に寄与すると同時に，成熟 mRNA の核
外への移送や翻訳開始にも関与する．

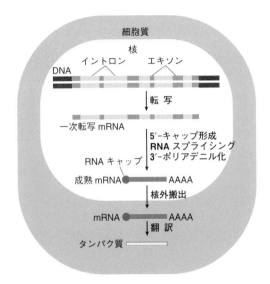

図 8・12　真核生物の転写における mRNA への修飾

8・4・2　RNA スプライシング

　真核生物では通常，DNA の遺伝子領域には，いくつかのエキソンとイントロン
が交互に配置されている．一次転写 mRNA にはエキソンとイントロンの両方から
転写された配列が含まれているが，転写後のプロセシングによりイントロンが切り
取られ，エキソンのみがつながった成熟 mRNA ができる．このイントロンが切り
取られてエキソンのみをつなげる過程を，**RNA スプライシング**とよぶ．

8・4・3　スプライシングの分子機構

　イントロンの塩基配列には，翻訳に必要な情報は含まれないが，RNA スプライ
シングの目印となる特徴的な配列が存在する．多くのイントロンの最初の配列は
5′-GUR（R は A または G）AGU で始まり，最後は Y（Y は C または U）が 11 個
並んだ後に NCAG-3′ で終わる．特に最初の GU と最後の AG は，ほぼすべてのイ
ントロンに共通してみられる配列である．またイントロンの 3′ 側には，5′-
YURAC-3′ という配列がみられる．RNA スプライシング装置は，これらの配列か
らイントロンの部位を的確に認識し，正確に切り取る．その後，残った部分（エキ
ソン）をつなぎ合わせることで，RNA スプライシングが完結する．具体的にイ
ントロンの切り出しは，次のように行われる．複数の核内低分子リボ核タンパク質
（snRNP）が中心となって形成されるスプライソソームの働きにより，イントロン
3′ 末端側に位置するアデノシンが，イントロンの 5′ 末端を切断した後に同部位と
結合する（**投げ縄構造**の形成）．次に，切り離されたエキソンの 3′ 末端が次のエキ

snRNP：small nuclear
ribonucleoprotein

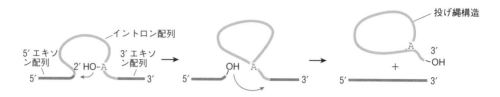

図 8・13　スプライシングにおける投げ縄構造の形成

ソンの 5′ 端と反応し，エキソンどうしが結合する．切り離された投げ縄構造のイ
ントロンは，その後分解される（図 8・13）．

8・4・4　選択的スプライシング

　細胞内に存在する特定の遺伝子の成熟 mRNA の配列を調べてみると，同じ遺伝
子 DNA から転写された mRNA であるにもかかわらず，配列が一部異なるものが
存在する．たとえば，図 8・14 のように，同じ遺伝子から転写された 2 種類の成熟
mRNA の一方に含まれている特定のエキソン由来の配列が，もう一方にはまった
く欠けていることがある．この mRNA 配列の違いは，同一個体の異なる細胞や組
織の mRNA 配列を比較した場合にもしばしば認められる．このような同一遺伝子
における mRNA 配列の多様性は，**選択的スプライシング**とよばれる現象で説明さ
れる．前述のように，スプライシングではイントロンが除去されるが，すべての
mRNA で同じ領域（配列）がイントロンとして取除かれるのではなく，細胞や組
織によって，あるいは状況によって，イントロンとして取除かれる領域が変わるの
である．

　この選択的スプライシングには，いくつかの利点がある．第一に，選択的スプラ
イシングにより，限られた長さのゲノムから複数種類のタンパク質をつくることが
できる．ヒトの遺伝子の数は約 21,000 個と推定されるが，選択的スプライシング
によって，理論的にはこの何倍もの種類のタンパク質をつくり出せるのである．第
二に，選択的スプライシングは，タンパク質分子のアミノ酸配列を微調整すること

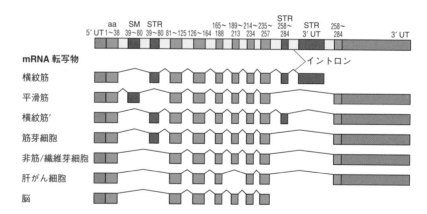

図 8・14　ラット α トロポミオシン遺伝子の選択的スプライシング　選択的スプライシングに
より同じ遺伝子から細胞特異的な 7 種類の α トロポミオシンができる．■は平滑筋でのみ，■
は横紋筋でのみ，それぞれ発現するエキソンを示す［R. E. Breitbart, A. Andreadis, B. Nadal-
Ginard, *Annu. Rev. Biochem.*, 56, 481 (1987) より］

により，細胞，組織の活動により適した機能タンパク質分子をつくり出す．言い換えれば，選択的スプライシングは細胞・組織ごとにそれぞれのタンパク質分子の機能のファインチューニングを可能にしていると理解することができる．

　スプライシング機構自身は，生物の進化にも関係していると考えられている．生物は，進化に伴って遺伝情報が変化するが，進化の過程でイントロンの部分で組換えが起これば，異なる遺伝子のエキソンが組合わさって新たな遺伝子ができる可能性がある．実際，タンパク質には機能と相関のあるドメイン構造があり，そのようなドメインを組合わせることにより，新しい機能をもつタンパク質が構築されたことが考えられる．

8・4・5　3′-ポリアデニル化

　一次転写 mRNA ができる過程で，3′ 末端に存在する特定の配列が転写されると，一次転写 mRNA は酵素的に切断され，その尾部に多数のアデニル酸が付加される．この修飾を **3′-ポリアデニル化** とよぶ．切断部位の目印となる配列は多くの場合 AAUAAA で，この配列を**ポリアデニル化シグナル**［または，**ポリ(A)シグナル**］とよぶ．ポリアデニル化シグナルの 10〜30 塩基下流で一次転写 mRNA は切断され，150〜250 個程度のアデニル酸が付加される．3′-ポリアデニル化は，5′-キャップと同様に成熟 mRNA の安定化と核から細胞質への移動，翻訳に寄与していると考えられる．

8・4・6　RNA 修飾を利用した mRNA 精製や cDNA の合成

　細胞内に存在するすべての RNA のうち成熟 mRNA の占める割合は，たかだか数％にすぎない．遺伝子発現の解析や発現クローニングを行う場合，全 RNA から成熟 mRNA を分離精製する必要が生じる．成熟 mRNA を精製分離するためには，他の RNA にはない特徴を利用する必要があるが，これには RNA プロセシングの一つである 3′-ポリアデニル化がしばしば利用される．前述のように成熟 mRNA の 3′ 末端には多数のアデニル酸が付加されるが，このようなアデニル酸が連続する配列であるポリ(A)尾部［poly(A) tail］は，tRNA や rRNA にはほとんどみられない．そこで，このアデニル酸に相補的に結合するチミジル酸のみを複数つなげたオリゴヌクレオチド［オリゴ(dT)］をセファロースなどの単体に結合したカラム［オリゴ(dT)カラム］を作製し，このカラムに種々の RNA を含む溶液を流す．すると，成熟 mRNA のポリ(A)尾部がオリゴ(dT)に結合する一方で，他の種類の RNA はカラムに結合せずに流れ出る．カラムを洗浄後，低塩濃度の緩衝液をカラムに流すことにより，オリゴ(dT)に結合した成熟 mRNA を溶出することができる．また，逆転写酵素を使用して，全 RNA から **cDNA**（complementary DNA）を作製する場合にも，プライマーとしてオリゴ(dT)を用いれば，理論的には成熟 mRNA を鋳型とした cDNA を得ることができる．

8・4・7　成熟 mRNA の輸送

　三つのプロセシングを終えた成熟 mRNA は，核から細胞質に移動し，リボソームにおける翻訳に用いられる．核内には，成熟 mRNA 以外にもいくつもの種類の

RNAが混在しているが，成熟mRNAのみが積極的に核外へ移送される．この選択的な移送には，プロセシングによる修飾が関与している．成熟mRNAの5′-キャップおよびポリ(A)尾部には，それぞれキャップ結合複合体（cap-binding complex, CBC）とポリ(A)尾部結合タンパク質〔poly(A)-binding protein, PAB〕が結合している．また，スプライシングによりエキソンどうしが結合した部分には，**エキソン接合部複合体**（exon junction complex, EJC）が結合している．これらのタンパク質や複合体は，プロセシングが完了したことの目印になっており，核外輸送複合体が結合するとともに核膜孔に存在する核膜孔複合体が，これらのタンパク質を認識して，成熟mRNAを核外に輸送している．

■ 章 末 問 題

8・1 細菌の転写における開始，伸長，終結の分子機構を説明せよ．

8・2 真核生物のRNAポリメラーゼの種類，およびRNAポリメラーゼⅡの転写する遺伝子のプロモーターの領域を説明せよ．

8・3 真核生物のRNAポリメラーゼⅡによるTATAボックスをもつ遺伝子の転写について，開始，伸長，終結の分子機構を説明せよ．

8・4 真核生物のRNAポリメラーゼⅡによる転写の分子機構のうち，転写活性化因子の作用について説明せよ．

8・5 5′-キャップ構造を図示せよ．

8・6 選択的スプライシングには，どのような意義があると考えられるか，説明せよ．

8・7 成熟mRNAが核外に輸送されるために，必要な条件は何か説明せよ．

翻　　　訳　⑨

概要　翻訳は，DNA から転写された mRNA 上の塩基配列情報に基づいて，巨大な RNA-タンパク質複合体であるリボソーム上でアミノ酸を連結し，タンパク質を合成する一連の過程のことである．複製や転写は，塩基配列を鋳型として塩基配列をつくるという，"核酸"から"核酸"へのコピーである．一方，本来構造的には関連のない"核酸"を鋳型にしたアミノ酸の重合体であるタンパク質の合成は，いわば異なる言語体系への"翻訳"である．本章では，この翻訳の過程がどのように実現しているかを，主として真正細菌を例としてみていく．

また，異常な mRNA ができた場合に，翻訳系はどのように対応し，異常 mRNA はどんな運命をたどるのかみていこう．そして最後に，翻訳されたポリペプチドがどのようにして機能をもつタンパク質になるのかもみていく．

行動目標
1. アミノ酸とコドンの対応関係を，tRNA の構造に基づいて説明できる
2. アミノアシル tRNA がどのように形成されるか，アミノアシル tRNA 合成酵素の役割に基づいて説明できる
3. 真正細菌のリボソームを構成する 16S rRNA と 23S rRNA の役割を説明できる
4. 真正細菌の翻訳開始において，70S 開始複合体の形成過程を説明できる
5. 真正細菌の翻訳伸長において，翻訳伸長因子 EF-Tu と EF-G の役割を説明できる
6. 真正細菌の翻訳終結において，翻訳終結因子 RF-1，RF-2 と RF-3 の役割を説明できる
7. 真正細菌と真核生物の mRNA の構造の違いに基づく翻訳開始過程の違いを説明できる
8. 欠陥のある mRNA ができた際に起こる異常事態をどのようにして救済しているか説明できる
9. シャペロンの種類と機能について説明できる
10. タンパク質の翻訳後修飾とその役割について説明できる

生物は，**真正細菌，古細菌，真核生物**の三つのドメインに分類される．このうち，真正細菌と古細菌は，核をもたない生物として原核生物とまとめられることが多い．しかし，翻訳の仕組みからみると，古細菌は真正細菌と真核生物の中間的な特徴を示す．そこで本章では，真正細菌と真核生物の翻訳の仕組みを比較しながら，翻訳について学ぶ．

9・1　遺伝暗号と翻訳に使われるアミノ酸

翻訳によってつくられるタンパク質は，20 種類のアミノ酸（標準アミノ酸という）から構成されている．RNA の塩基配列は A，G，C，U（DNA では T）の 4 種からなり，この 4 種類の塩基の組合わせにより 20 種類のアミノ酸を区別している．二つの塩基の並びであれば，その場合の数は 4×4＝16 通りで 20 種類には足りないが，三つの塩基の並びであれば 4×4×4＝64 通りで，20 種類のアミノ酸を区別するには十分な数である．実際に，三つの塩基の並び（トリプレット）がそれぞれのアミノ酸に対応する単位であり，**コドン**とよばれる．コドンとアミノ酸の対応関係のルールは，ごく少数の例外を除いて，すべての生物で共通である．これを表にまとめたものが，**標準遺伝暗号表**（図 9・1）である．

アミノ酸に対応するコドンを**センスコドン**という．一つのアミノ酸に対応するコドンの数はアミノ酸によって異なり，1 コドンのみのもの（メチオニンとトリプトファン）から，6 種のコドンが対応するもの（ロイシン，セリン，アルギニン）まである．複数のコドンが 1 種類のアミノ酸に対応する場合は，一般にコドンの一文

二文字目		U		C		A		G	
一文字目	三文字目	コドン	アミノ酸	コドン	アミノ酸	コドン	アミノ酸	コドン	アミノ酸
U	U	UUU	フェニルアラニン (Phe, F) 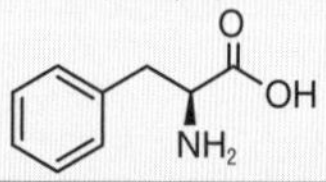	UCU	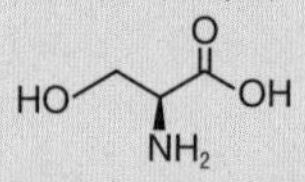	UAU	チロシン (Tyr, Y) 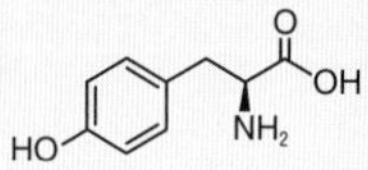	UGU	システイン (Cys, C) 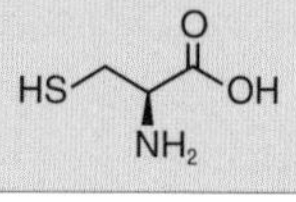
	C	UUC		UCC	セリン (Ser, S)	UAC		UGC	
	A	UUA	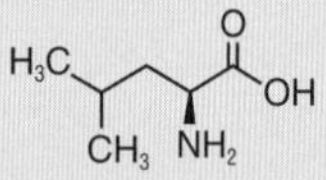	UCA		UAA	終止（オーカー）	UGA	終止（オパール）
	G	UUG	ロイシン (Leu, L)	UCG		UAG	終止（アンバー）	UGG	トリプトファン (Trp, W) 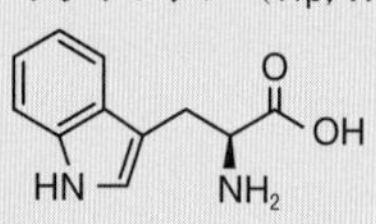
C	U	CUU		CCU	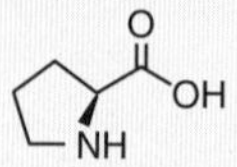	CAU	ヒスチジン (His, H) 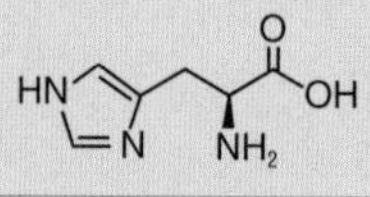	CGU	アルギニン (Arg, R) 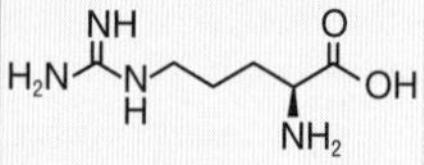
	C	CUC		CCC	プロリン (Pro, P)	CAC		CGC	
	A	CUA		CCA		CAA	グルタミン (Gln, Q) 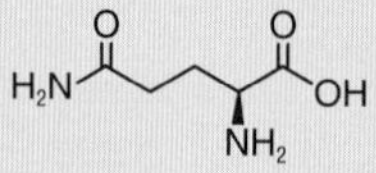	CGA	
	G	CUG		CCG		CAG		CGG	
A	U	AUU	イソロイシン (Ile, I) 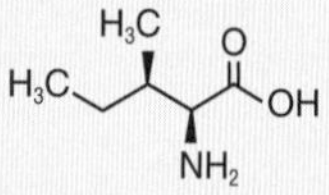	ACU	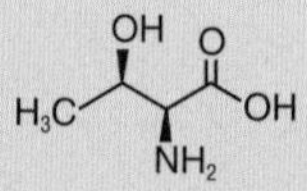	AAU	アスパラギン (Asn, N) 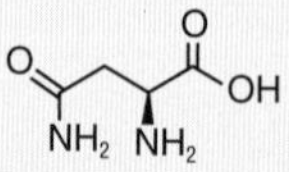	AGU	セリン
	C	AUC		ACC	トレオニン (Thr, T)	AAC		AGC	
	A	AUA		ACA		AAA	リシン (Lys, K) 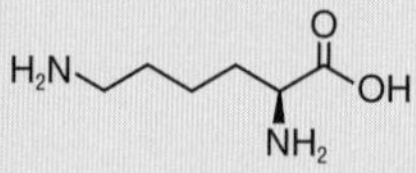	AGA	アルギニン
	G	AUG	メチオニン (Met, M) 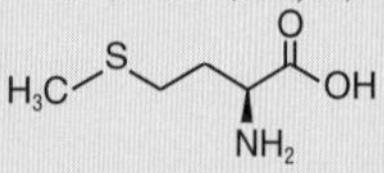	ACG		AAG		AGG	
G	U	GUU	バリン (Val, V) 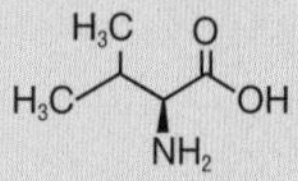	GCU	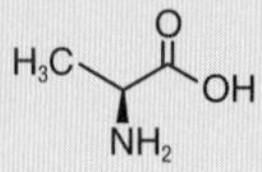	GAU	アスパラギン酸 (Asp, D) 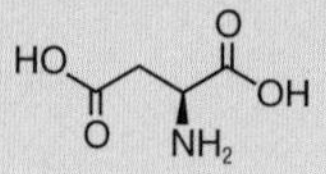	GGU	グリシン (Gly, G) 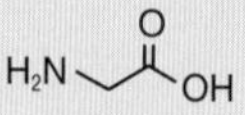
	C	GUC		GCC	アラニン (Ala, A)	GAC		GGC	
	A	GUA		GCA		GAA	グルタミン酸 (Glu, E) 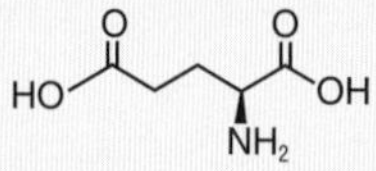	GGA	
	G	GUG		GCG		GAG		GGG	

図 9・1　**標準遺伝暗号表**　mRNA の配列で示した．各コドンに対応するアミノ酸の 3 文字表記，1 文字表記，構造式も併せて示している．AUG コドンはメチオニンのコドンであるが，開始コドンとしても用いられる．その場合，真正細菌ではホルミルメチオニン（アミノ基にホルミル基が付加されたメチオニン誘導体）が使われる．また，GUG，AUA，UUG，CUG などのコドンも開始コドンとして使われる場合がある（そのときに対応するアミノ酸はメチオニンまたはホルミルメチオニン）．

字目と二文字目が共通である．たとえばグリシンには，GGU，GGC，GGA，GGG の四つのコドンが対応する（図9・1右下）．この場合，コドンの三文字目は 4 種の塩基のどれでも構わない．このことを，（四重に）**縮重**（**縮退**）しているという．アスパラギン酸のコドンは GAU と GAC であり，（二重に）縮重している．このように同じアミノ酸をコードしているコドンどうしを**同義コドン**という．

　　AUG はメチオニンに対応する唯一のコドンだが，翻訳開始点としての役割も併せもつ（**開始コドン**）．また，GUG，AUA，UUG，CUG などが開始コドンとして

コラム3　コドンの例外的な使用

通常のタンパク質は20種類の標準アミノ酸からつくられるが，翻訳の過程で21番目，22番目に相当するアミノ酸が使われる場合もある．21番目のアミノ酸はセレノシステイン（図9・2）であり，本来は終止コドンのUGAが対応する．22番目のアミノ酸はピロリシンであり，同様に終止コドンであるUAGが対応する．セレノシステインとピロリシンに対応するUGAコドンとUAGコドンは，その付近に特徴的な配列や構造が存在することにより終止コドンではないと認識される．なお，*O*-ホスホセリンは一部の古細菌では，システインやセレノシステインの前駆体として合成されるペプチド鎖に取込まれる．

標準遺伝暗号表は，真正細菌・古細菌・真核生物に共通であり，これらの生物ドメインが分岐する以前に成立していたと考えられる．しかし，遺伝暗号表にも例外が知られている．それらは，標準遺伝暗号表から派生して二次的に出現したものと考えられている．たとえばマイコプラズマ類では，UGAが終止コドンではなくトリプトファンのコドンとして使用されている．脊椎動物のミトコンドリアでは，AUAコドンはイソロイシンではなくメチオニンのコドンであり，UGAコドンはトリプトファンのコドン，AGAコドンとAGGコドンはアルギニンではなく終止コドンとして使用される．

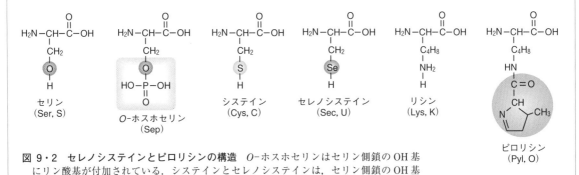

図9・2　セレノシステインとピロリシンの構造　*O*-ホスホセリンはセリン側鎖のOH基にリン酸基が付加されている．システインとセレノシステインは，セリン側鎖のOH基がSH基とSeH基に置換されたアミノ酸と考えることができる．ピロリシンはリシン側鎖のアミノ基にペプチド結合を介してピロリン環が結合しているアミノ酸である．

用いられる場合もある．開始コドンに対応するアミノ酸は，真正細菌や真核生物の細胞小器官（ミトコンドリアや葉緑体）ではホルミルメチオニン（図9・3）であり，真核生物の細胞質や古細菌ではメチオニンである．

UAA，UAG，UGAの三つのコドンは，基本的にはアミノ酸に対応せず，タンパク質合成の終結に働く**終止コドン**である．歴史的経緯から，UAAにはオーカー（ochre），UAGにはアンバー（amber），UGAにはオパール（opal）というニックネームがついている．終止コドンをナンセンスコドンとよぶこともあるが，終止コドンではないナンセンスコドンも存在する場合がある．

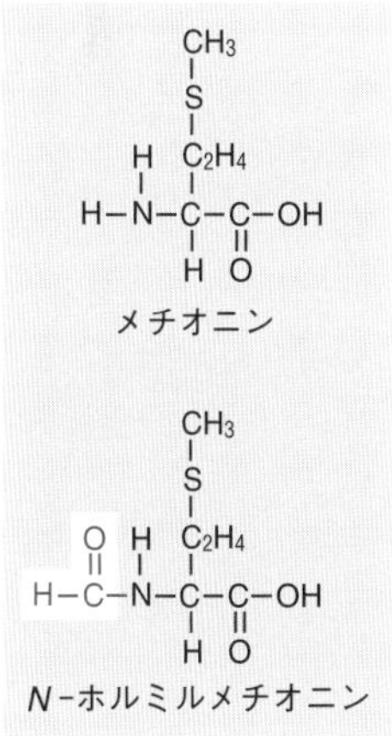

9・2　tRNAとアミノアシルtRNA合成酵素

9・2・1　tRNA（転移RNA）

tRNA（transfer RNA，**転移RNA**）は，特定のアミノ酸を結合し，mRNAのコドンに対応してアミノ酸をリボソームに運搬する分子である．tRNAの二次構造は**クローバーリーフ構造**とよばれる（図9・4a）．それぞれの葉に相当する部分を“アーム”とよぶ．受容（アクセプター）アームを除き，アームは分子内で塩基対を形成する“ステム”とループ状の部分からなる．アンチコドンループは7塩基からな

メチオニン

N-ホルミルメチオニン

図9・3　メチオニンと*N*-ホルミルメチオニンの構造式の比較　ホルミル基を赤で示す．

り，中央の3塩基がmRNAのコドンと相補的に塩基対形成をするアンチコドンである．受容ステムの3′末端には，塩基対をつくらない1塩基とそれに続く3塩基配列からなるCCA末端が存在する．3′末端のAのリボースの3′-OH部位にアミノ酸が結合する．tRNAの立体構造はL字を逆さまにしたような構造（L字構造）をとる（図9・4b, c）．受容ステムとTステム，アンチコドンステムとDステムがそれぞれ連続したヘリックス（ステム）を組む．アミノ酸の結合する部分とアンチコドンは，立体構造で見ると，tRNA分子の両端に位置し，直接相互作用することはない．

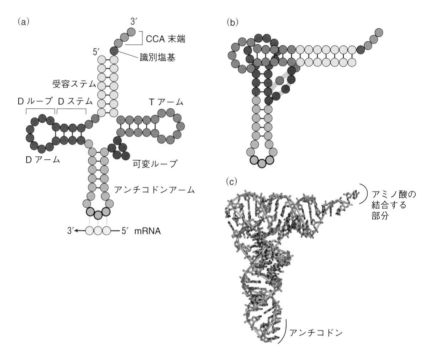

図9・4 **tRNAの構造** (a) tRNAの二次構造（クローバーリーフ構造）の模式図．各ヌクレオチドを円で示した．塩基対が形成されている部分をステムとよぶ．たとえばDアームはDステムとDループからなる．(b) tRNAの立体構造（L字構造）の模式図．各ヌクレオチドの色は，(a) のクローバーリーフ構造模式図と同じ．(c) tRNAの立体構造の分子モデル．

tRNAには，20種類のアミノ酸にそれぞれ対応するtRNAが存在する．標準遺伝暗号表には61個のセンスコドンがあるが，各センスコドンに対応して61種類のtRNAが存在するわけではない．tRNAのアンチコドンの一文字目は，リボソーム上でmRNAのコドンの三文字目と塩基対を形成するが，ワトソン・クリック塩基対（A・U塩基対またはG・C塩基対）以外の塩基対でも許容される場合がある．このため，一つのアンチコドンで複数のコドンを解読できる場合があるのだ（これを**ゆらぎ仮説**という，表9・1，図9・5）．たとえば，アンチコドン一文字目とコドン三文字目の間では，G・C塩基対だけではなくG・U塩基対も許される．したがって，5′-GAA-3′というアンチコドンをもつtRNA$_{GAA}^{Phe}$は*，5′-UUC-3′コドンのほかに5′-UUU-3′コドンも解読することができる．

ゆらぎ仮説: Wobble hypothesis

* tRNAは，一般に対応するアミノ酸を三文字表記で上付き文字で示し，アンチコドンの配列を下付き文字で示す．

　アンチコドン一文字目には，転写後に A から脱アミノ反応によって生成する I
（イノシン，塩基としては正しくはヒポキサンチン）のように，修飾塩基が存在す
る場合が多い．修飾塩基はもとの塩基とは異なる塩基対形成をする場合がある．た
とえば，C の修飾塩基である k_2C（転写後，C にアミノ酸のリシンが付加した修飾
塩基リシジン）は，G とではなく A と塩基対を形成する．また，マイコプラズマ
やミトコンドリアの tRNA の場合，アンチコドン一文字目が未修飾の U や A のと
き，コドン三文字目が U，C，A，G のいずれでも対応することが知られており，
生物種によって"ゆらぎ"の度合いは異なる．

表 9・1　ゆらぎ仮説　（Crick の提案したオリジナル版）　塩基対形成が
　　　　可能な組合わせ．矢印は 5′ → 3′ の方向を示す．

アンチコドン一文字目	−U□□→	−C□□→	−A□□→	−I□□→	−G□□→
コドン三文字目	←A□□−	←G□□−	←U□□−	←U□□−	←C□□−
	←G□□−			←C□□−	←U□□−
				←A□□−	

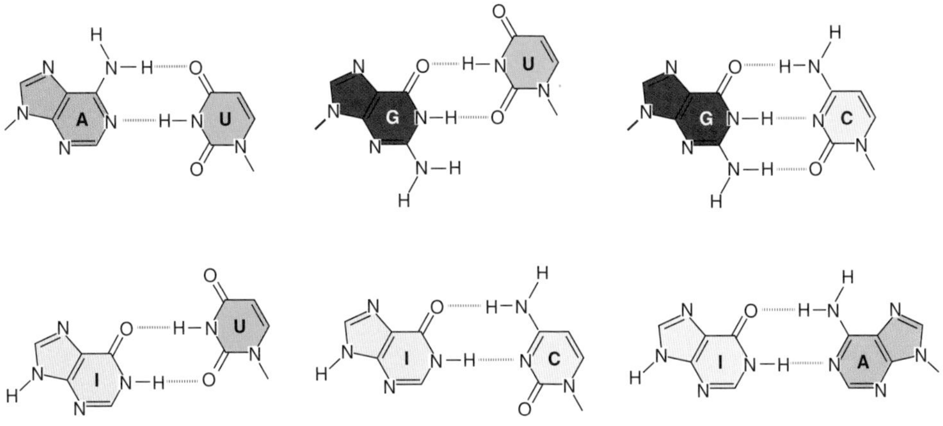

図 9・5　**tRNA のアンチコドン一文字目と mRNA のコドン三文字目の間でみられるゆらぎ塩基
対**　A・U 塩基対と G・C 塩基対はワトソン・クリック塩基対．G・U 塩基対は非ワトソン・
クリック塩基対．I（イノシン，塩基としてはヒポキサンチンが正しい）は，RNA 上ではアデ
ニン塩基の脱アミノによって生じる修飾塩基．I がアンチコドン一文字目に存在すると，コド
ン三文字目との間で I・U 塩基対，I・C 塩基対，I・A 塩基対が可能になる．I・U 塩基対は G・
U 塩基対に，I・C 塩基対は G・C 塩基対に類似する．

9・2・2　アミノアシル tRNA 合成酵素

　tRNA 自身には，アミノ酸を選択して特異的に結合する能力はない．tRNA に対
応するアミノ酸を結合するのは，**アミノアシル tRNA 合成酵素**（aminoacyl tRNA
syntase，**ARS**）の触媒活性による．
　アミノアシル tRNA 合成酵素は，tRNA にアミノ酸を結合する反応を触媒する触
媒ドメインのアミノ酸配列や構造，さらには起源が異なる二つのグループ（クラス
I とクラス II）に分けられる（表 9・2，図 9・6）．クラス I ARS は，ロスマン
フォールド（α ヘリックスと平行 β シートからなり，核酸結合タンパク質によくみ
られる構造）を触媒ドメインに含み，2 箇所の保存配列（HIGH 配列と KMSKS 配

列）が知られる．一方，クラスⅡARS の触媒ドメインは，3種の特徴的なモチーフを含む逆平行βシートからなる．多くのアミノアシル tRNA 合成酵素では，主としてこの触媒ドメインに tRNA のアンチコドンの部分を認識するアンチコドン結合領域をもつ．さらに，tRNA に間違ったアミノ酸が結合されたときにそれを除去する校正ドメインをもつものもある．クラスⅠARS とクラスⅡARS は，tRNA に対して接触する方向が逆である．このこともあり，クラスⅠARS は tRNA の CCA 末端の A のリボースの 2′–OH にアミノ酸を結合するのに対して，クラスⅡARS は 3′–OH にアミノ酸を結合する．ただし，クラスⅠの場合も，2′–OH から 3′–OH への転移が速やかに起こる．

表 9・2 アミノアシル tRNA 合成酵素（ARS）

クラスⅠ	Arg, Cys, Met, Leu, Ile, Val, Glu, Gln, Lys, Trp, Tyr
クラスⅡ	Gly, His, Thr, Pro, Ser, Asp, Asn, (Lys), Phe, Ala, (Sep), (Pyl)

対応するアミノ酸の三文字表記で示す．Sep はホスホセリン，Pyl はピロリシンを示す（図9・2参照）．SepRS と PylRS は一部の古細菌にのみ知られる．また，LysRS はクラスⅠとクラスⅡがあるが，両方の LysRS をもつ生物は知られていない．クラスⅠ LysRS は古細菌と真正細菌の一部がもつ．

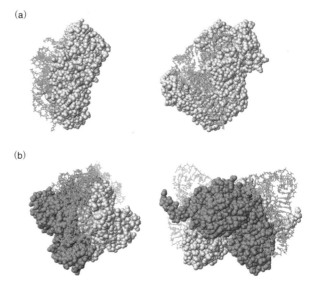

(a)

(b)

図 9・6 アミノアシル tRNA 合成酵素（ARS）と tRNA の複合体の構造 (a) クラスⅠ ARS であるアルギニル tRNA 合成酵素（ArgRS）（白）と tRNA^{Arg}（ピンク）の複合体．ArgRS は単量体で機能する．右は左に対して 90° 回転して示している．(b) クラスⅡ ARS であるグリシル tRNA 合成酵素（GlyRS）と tRNA^{Gly} の複合体．GlyRS はホモ二量体で機能する（サブユニットを白とグレーで示す）．tRNA はそれぞれのサブユニットに結合する（濃いピンクと薄いピンク）．右は左に対して 90° 回転して示している．クラスⅠ ARS とクラスⅡ ARS は，tRNA への結合面が異なる（反対）ことに注意する．

アミノアシル化は2段階の反応で進む（図9・7）．まず，アミノ酸と ATP との反応で**アミノアシル AMP（アデニリル化アミノ酸）**と二リン酸（PP$_i$）が生成する（この反応では，多くの場合 tRNA は関与しない）．この反応は可逆的だが，二リン酸はただちに無機リン酸に分解されるので，アミノアシル AMP の生成方向に平衡

が偏る. 次に, アミノアシル AMP と tRNA の間で反応が起こり, tRNA の 2′-OH
または 3′-OH にアミノ酸が移ることにより**アミノアシル tRNA** が生成し, AMP が
遊離する.

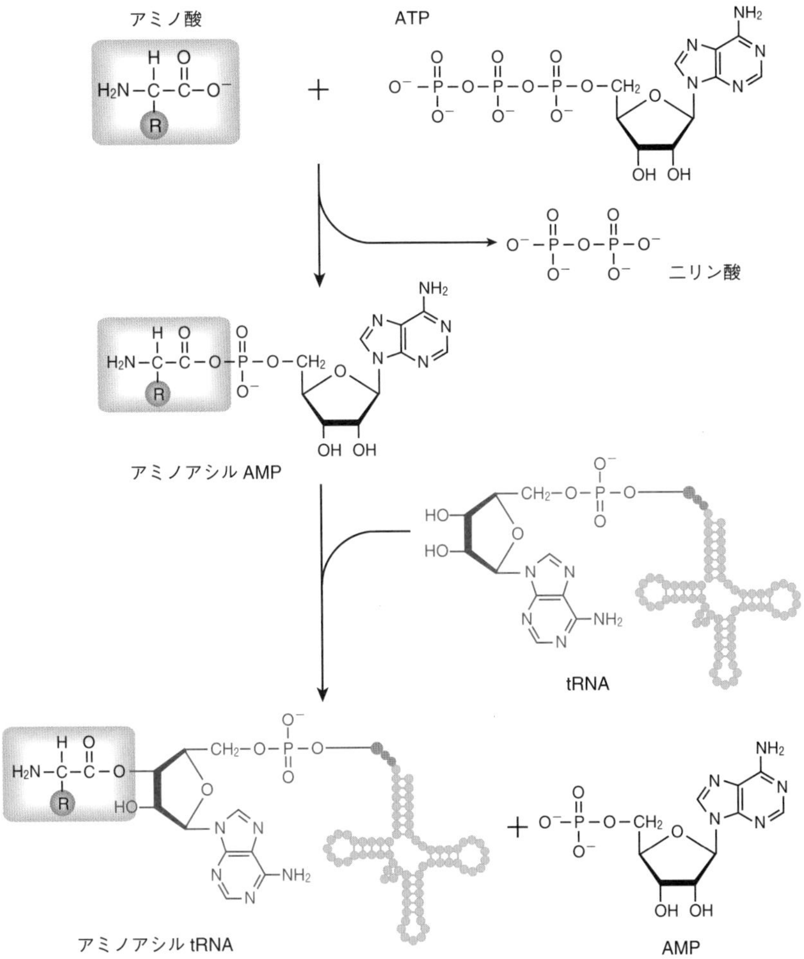

図 9・7 アミノアシル tRNA 合成酵素の触媒するアミノアシル化反応 アミノ酸と ATP からま
ずアミノアシル AMP とニリン酸が生成する. 次にアミノアシル AMP と tRNA からアミノア
シル tRNA と AMP が生成する. Ⓡ はアミノ酸の側鎖を示す. また, tRNA は 3′ 末端のアデニ
ル酸部分のみを拡大して示している.

tRNA は細胞の中に数十種類存在する. たとえば, 大腸菌 *Escherichia coli* では 48
種類の tRNA が存在する. アミノアシル tRNA 合成酵素は, この中から 1 種類また
は数種類の正しい基質 (tRNA) を見つけなければならない. また, 基質とするべ
き tRNA 以外の tRNA は排除することが必要となる. tRNA の識別には, tRNA のア
ンチコドンと, 受容ステムや, CCA 末端の一つ手前の識別塩基の塩基配列をおも
に使っている. tRNA のそれ以外の部分も識別に重要な場合もある. それぞれのア
ミノアシル tRNA 合成酵素が tRNA の特定の部位の配列や構造の組合わせを認識す
ることで tRNA の識別を実現している (**tRNA アイデンティティ**).

例をあげてみよう. tRNA^{Met} は AUG コドンのみを認識し, 5′-CAU-3′ アンチコ

ドンをもっている．メチオニル tRNA 合成酵素（MetRS）にとっては，この tRNA^{Met} のアンチコドンの3塩基が識別に決定的な役割を果たしており，この配列を変化させると tRNA^{Met} としては機能しなくなる．別の例としては，アラニル tRNA 合成酵素（AlaRS）によって認識される tRNA^{Ala} の重要な領域は，受容ステムの末端から3対目の G・U 塩基対である．この非ワトソン–クリック型塩基対の存在によって受容ステムの構造がゆがみ，tRNA^{Ala} が AlaRS に結合したときに，アミノ酸の結合する 3′ 末端の A が AlaRS の活性部位に到達する．この G・U 塩基対を A・U 塩基対に代えるだけで，この tRNA は AlaRS の基質ではなくなる．

　すべての生物が同じアミノアシル tRNA 合成酵素のセットをもっているわけではない．リシル tRNA 合成酵素（LysRS）は，生物種によってクラス I LysRS とクラス II LysRS のいずれかをもつ（表9・2参照）．また，少数の生物種では，さらにホスホセリル tRNA 合成酵素（SepRS）やピロリシル tRNA 合成酵素（PylRS）をもつものも知られている（いずれもクラス II）．グルタミニル tRNA 合成酵素（GlnRS），アスパラギニル tRNA 合成酵素（AsnRS），システイニル tRNA 合成酵素（CysRS）のいずれかをもたない生物もいる．GlnRS をもたない生物では，グルタミル tRNA 合成酵素（GluRS）が tRNA^{Gln} にグルタミン酸を付加した後，他の酵素によって tRNA 上でグルタミン酸にアミド基が付加されてグルタミンになる（図9・8）．AsnRS をもたない生物でも同様な機構が知られている．CysRS をもたない生物では，まず SepRS によって tRNA^{Cys} にホスホセリンが付加された後，tRNA^{Cys} 上でホスホセリンのリン酸基が SH 基に置き換えられ，システインが生成する．セレノシステインも，セリル tRNA 合成酵素（SerRS）または SepRS によって tRNA^{Sec} に（ホスホ）セリンが付加された後，tRNA 上でセレンが導入されセレノシステインが生成する．

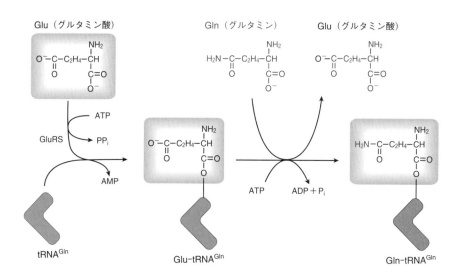

図 9・8　tRNA^{Gln} に依存したグルタミン（Gln）の生成　tRNA^{Glu} と tRNA^{Gln} を区別せずにグルタミン酸（Glu）を tRNA に結合するグルタミル tRNA 合成酵素（GluRS）によって，tRNA^{Gln} に Glu が結合する．この tRNA^{Gln} に結合した Glu にアミノ基供与体としての Gln からアミノ基が tRNA 依存アミド基転移酵素によって付加される．このとき，ATP の ADP とリン酸への分解を伴う．

9・3 リボソーム

　mRNA とアミノアシル tRNA が出会い，タンパク質合成（翻訳）が行われる場が
リボソームである．リボソームは巨大な RNA−タンパク質複合体である．真正細菌
や古細菌のリボソームは **70S リボソーム**とよばれ，**大サブユニット（50S サブユ
ニット）**と**小サブユニット（30S サブユニット）**からなる（表 9・3）．リボソーム
は，rRNA を骨格として，そこにタンパク質が張りついたような構造になっている．
真核生物のリボソームは，真正細菌のリボソームに比べて大きく（80S リボソー
ム），rRNA も長く，リボソームを構成するタンパク質の数も多い．

表 9・3　リボソームの構成

真正細菌			真核生物		
70S リボソーム（250 万 Da）			80S リボソーム（420 万 Da）		
大サブユニット	50S サブユニット（約 160 万 Da）	23S rRNA（約 2900 塩基，約 96 万 Da）	60S サブユニット（約 280 万 Da）	28S rRNA（約 4700 塩基，約 155 万 Da）	
				5.8S rRNA（160 塩基，約 5 万 Da）	
		5S rRNA（120 塩基，約 4 万 Da）		5S rRNA（120 塩基，約 4 万 Da）	
		約 34 種のリボソームタンパク質		約 49 種のリボソームタンパク質	
小サブユニット	30S サブユニット（約 90 万 Da）	16S rRNA（約 1500 塩基，約 50 万 Da）	40S サブユニット（約 140 万 Da）	18S rRNA（約 1900 塩基，約 63 万 Da）	
		約 21 種のリボソームタンパク質		約 33 種のリボソームタンパク質	

　リボソームには，3 箇所の tRNA 結合部位がある．最初にアミノアシル tRNA が
結合する部位を **A 部位**，ペプチジル tRNA が結合する部位を **P 部位**，tRNA がリボ
ソームから遊離する部位を **E 部位**という（図 9・9）．これらは，大サブユニットと
小サブユニットの境界に位置する．小サブユニット側では，A 部位と P 部位に入っ
た tRNA のアンチコドンは，隣接したコドンと塩基対が形成できるように配置され
る．一方，大サブユニット側では，A 部位のアミノアシル tRNA と P 部位のペプチ
ジル tRNA は，アミノ酸やペプチド部分と tRNA との結合部分が近接するように配
置される．新しいペプチド結合は，ここで形成されるが，この結合形成を触媒でき
る位置にリボソームのタンパク質部分は存在しない．代わりに位置するのは，大サ
ブユニットの 23S rRNA* の**ペプチジル転移酵素中心（PTC）**であり，アミノアシ
ル tRNA とペプチジル tRNA の配置を制御して，ペプチド結合の形成を助けている
と考えられている．すなわち 23S rRNA はペプチド結合形成に関するリボザイムと
して働く．

A 部位（A site）：アミノアシル
tRNA の意
P 部位（P site）：ペプチジル
tRNA の意
E 部位（E site）：Exit（出口）の
意

* 真正細菌と古細菌の場合．
真核生物の場合は 28S rRNA．
PTC: peptidyl transferase
center

(a)

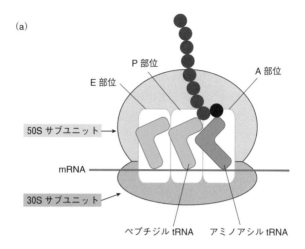

(b)

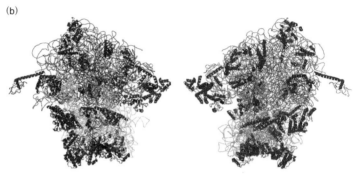

図 9・9　リボソームの全体像　(a) 真正細菌の 70S リボソームの模式図.　(b) 真正細菌の 70S リボソームの構造.　23S rRNA と 16S rRNA は薄いグレーで示されている.　また, リボソームタンパク質は濃いグレーで示されている.　E 部位, P 部位, A 部位に結合した tRNA がピンク〜紫色で示されている.　左は (a) の模式図と同じ方向からリボソームを見たものであり, 右はその反対側から見たものである.

9・4　真正細菌における翻訳

　翻訳は, 大きく三つの過程に分けられる.　**翻訳開始**, **翻訳伸長**, **翻訳終結**である.　翻訳開始で, リボソーム上に mRNA と合成するタンパク質のうち最初のアミノ酸を結合した tRNA が配置される.　翻訳伸長は, mRNA の配列に従って順次アミノ酸を結合してペプチド鎖を伸ばす過程である.　最後に翻訳終結で, 合成されたタンパク質をリボソームから分離し, さらに mRNA などを除いてリボソームが次のタンパク質の合成を始められるようにする.　この三つの過程を, 真正細菌（特に大腸菌）を例に順次みていくことにする.

9・4・1　翻 訳 因 子

　翻訳には, リボソーム, mRNA, アミノ酸の結合した tRNA のほかにも必要な**翻訳因子**がある.　リボソーム上で進行する翻訳の三つの過程をみる前に, これらの過程が進むために必要な翻訳因子を紹介しよう.　真正細菌, 古細菌, 真核生物とでは, その順に翻訳因子の種類も増えるが, ここでは, 真正細菌の場合をみてみる.

　翻訳開始，翻訳伸長，翻訳終結のそれぞれに必要な翻訳因子を表9・4に示した．これらのうち，IF-2，EF-Tu，EF-G，RF-3は，いずれもGTPまたはGDPと複合体をつくるGTPアーゼであり，GTPの加水分解（GTP→GDP+P$_i$）によるこれらのタンパク質の構造変化が，翻訳を進めるうえで重要な役割を示す．また，翻訳終結したリボソームが次の翻訳に使えるようにするために必要なのが，リボソームリサイクリング因子（RRF）である．これは，真正細菌ではEF-Gと協同して働く．

表9・4　大腸菌（真正細菌）の翻訳因子[†]

翻訳開始	IF-1 (initiation factor 1)	小サブユニットのA部位に結合し，tRNAがA部位に結合しないようにする．
	IF-2	開始tRNA，小サブユニット，開始コドンの間の相互作用を助ける．
	IF-3	小サブユニットに結合し，大サブユニットと小サブユニットの会合を妨げる．開始tRNAとmRNAの会合を補助する．
翻訳伸長	EF-Tu (elongation factor Tu)	GTPアーゼである．アミノアシルtRNAをリボソームに運搬する．
	EF-Ts	EF-Tu・GDP複合体のGDPをGTPと交換する．
	EF-G	GTPアーゼである．リボソームの構造変化を起こし，リボソーム上でコドン一つ分mRNAの位置をずらす．
翻訳終結	RF-1 (release factor 1)	A部位のUAA，UAG終止コドンを認識する．
	RF-2	A部位のUAA，UGA終止コドンを認識する．
	RF-3	GTPアーゼである．
リボソームリサイクリング	RRF (ribosome recycling factor)	翻訳終結したリボソームを次の翻訳が始められるようにリセットする．
	EF-G	

†　ほかに，EF-Pが知られる．

9・4・2　翻訳の開始

　mRNAやアミノアシルtRNAが結合していない70Sリボソームは，**不活性型リボソーム**とよばれ，そのままではタンパク質合成は始まらない．まず，IF-3が不活性型リボソームの30SサブユニットのE部位と結合することで50Sサブユニットと30Sサブユニットが分離する（図9・10❶）．次に，IF-1とIF-2・GTPが30Sサブユニットに結合する（❷）．IF-1はA部位に結合し，IF-2・GTPはIF-1に結合してA部位からP部位に伸びている．よって，この状態で30SサブユニットにでtRNAが結合できるのはP部位のみである．

　真正細菌の開始コドン（おもにAUGコドンだが，GUGコドンなどの場合もある）には，開始tRNAが結合する．このtRNAには，メチオニルtRNA合成酵素に

よってメチオニンが結合した後，メチオニン–tRNAホルミルトランスフェラーゼによってアミノ基にホルミル基が付加されている．したがって，開始tRNAは，N–ホルミルメチオニン(fMet)が結合したfMet–tRNA$_i^{fMet}$である(図9・3参照)．

fMet–tRNA$_i^{fMet}$とmRNAとのどちらが先に翻訳開始因子の結合した30Sサブユニットへ結合するかは順番が決まっておらず，先にmRNAが結合してもよいしfMet–tRNA$_i^{fMet}$が結合してもよい．これが，真正細菌でAUGコドン以外のコドンも開始コドンとして使用される理由の一つである．

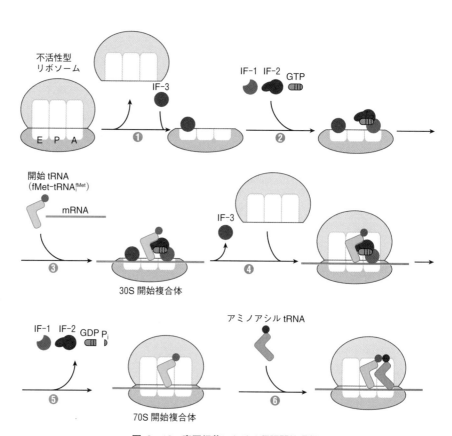

図9・10　真正細菌における翻訳開始過程

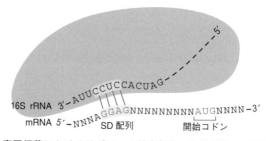

図9・11　真正細菌におけるリボソーム結合部位　真正細菌のmRNA開始コドンの上流に，16S rRNAの3′末端の配列と相補的な配列が存在する．これをリボソーム結合部位（RBS）またはシャイン・ダルガーノ配列という．翻訳開始時には，このmRNAと16S rRNAの相補的な配列間の塩基対形成により，mRNA上の開始コドンがリボソーム上の正しい位置（P部位）に配置される．

mRNA は，開始コドンの上流に，**リボソーム結合部位**またはシャイン・ダルガーノ配列（**SD 配列**）とよばれる塩基配列をもつ（図 9・11）．これは，30S サブユニット中の 16S rRNA の 3′ 末端領域に相補的な配列であり，リボソーム結合部位と 16S rRNA の塩基対形成により，mRNA の開始コドンが P 部位に配置されることになる．

fMet-tRNA$_i^{fMet}$ の 30S サブユニットとの結合は，IF-2・GTP との相互作用と，アンチコドンと mRNA の開始コドンとの塩基対形成によって促進される（❸）．この段階を 30S 開始複合体とよぶ．fMet-tRNA$_i^{fMet}$ と開始コドンとの塩基対形成により，30S サブユニットの構造が変化し，IF-3 が 30S 開始複合体から遊離する（❹）．次に，50S サブユニットが IF-2 を介して結合し，IF-2 に結合した GTP が GDP に分解されることで，IF-2 の tRNA やリボソームへの親和性が低下して，IF-2 と IF-1 が遊離する（❺）．これによって，リボソーム，fMet-tRNA$_i^{fMet}$，mRNA からなる 70S 開始複合体が形成される．この状態で，fMet-tRNA$_i^{fMet}$ はリボソームの P 部位を占めており，A 部位に新たなアミノアシル tRNA を受入れることが可能である（❻）．

9・4・3 翻訳の伸長

翻訳伸長は，P 部位にペプチジル tRNA が存在し，A 部位が空いている状態から，始まる（図 9・12）．

細胞質中で，アミノアシル tRNA は GTP が結合した EF-Tu（EF-Tu・GTP）と複合体を形成している．リボソームの A 部位には，アミノアシル tRNA/EF-Tu・GTP 複合体がランダムに入るが（❶），A 部位に位置する mRNA のコドンと相補的なアンチコドンをもつ tRNA の場合のみ，リボソームによる EF-Tu の構造変化が生じて GTP が GDP とリン酸に分解され，EF-Tu・GDP がアミノアシル tRNA から離れて A 部位から放出される（❷）．残ったアミノアシル tRNA は，より強く A 部位に結合する．これにより，アミノ酸が結合した tRNA の 3′ 末端が，P 部位のペプチジル tRNA のペプチド鎖が結合した 3′ 末端に近接する．その結果，アミノアシル tRNA のアミノ酸部分のアミノ基の求核攻撃により，ペプチジル tRNA のペプチド鎖と tRNA の間の結合が切断され，ペプチド鎖はアミノアシル tRNA 上のアミノ酸とペプチド結合を形成し，1 アミノ酸分長いペプチド鎖が結合したペプチジル tRNA が生じる*（図 9・12 ❸，図 9・13）．この一連の反応を**ペプチジル転移**という．なお，ペプチド鎖を失った tRNA は 30S サブユニット内では P 部位に留まっているが，50S サブユニット内では E 部位に移動する．

次に，EF-G・GTP 複合体が A 部位付近に結合する（❹）．EF-G も GTP アーゼであり，GTP の加水分解により構造変化を起こし（❺），それに伴い 30S リボソームと 50S リボソームの間での tRNA の配置のねじれが解消され，30S リボソームの P 部位にあった空の tRNA は E 部位に，30S リボソームの A 部位にあったペプチジル tRNA は P 部位に移動し，同時に mRNA もコドン一つ分上流に移動する．また，EF-G・GDP もリボソームから離れる（❻）．この一連の反応を**トランスロケーション**（転位）という．空き部位となった A 部位に新たなアミノアシル tRNA/EF-Tu・GTP が結合することで，次の伸長サイクルが始まる．

リボソーム結合部位: ribosome binding site, RBS
シャイン・ダルガーノ配列: Shine-Dalgarno sequence

* このとき，新たなペプチジル tRNA は 30S サブユニット内では A 部位に位置するが，50S リボソーム内では P 部位に移動している．

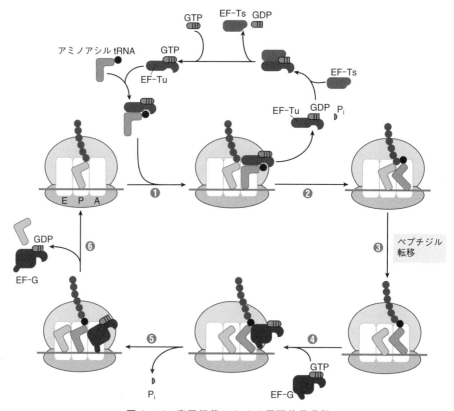

図 9・12 真正細菌における翻訳伸長過程

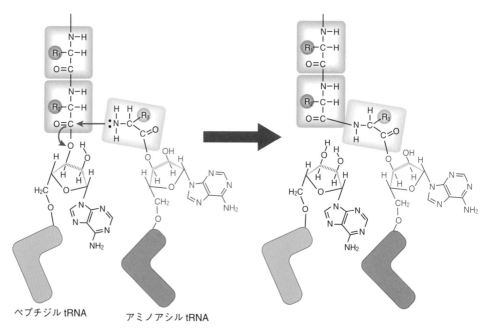

ペプチジル tRNA   アミノアシル tRNA

図 9・13 ペプチド結合の形成 ペプチジル tRNA の tRNA 側のカルボニル基をアミノアシル tRNA 上の
アミノ酸のアミノ基が求核攻撃をすることでペプチド結合が形成され，ペプチジル tRNA からペプチド
鎖が分離する．

　アミノアシル tRNA/EF-Tu・GTP 複合体と EF-G・GDP 複合体を比較すると，両者の立体構造はよく似ている（図9・14）．EF-G の一部は，あたかも tRNA のような構造をとっている（これを分子擬態という）．このことは，EF-G・GDP がtRNA の"ふり"をしてリボソームの A 部位に結合することを意味する．EF-G・GTP の EF-G 部分の構造は，EF-G が GDP と結合しているときとは大きく異なっており，この両者の構造変化がトランスロケーションに重要な役割を果たしている．

　EF-Tu は GDP との親和性が高いが，EF-Tu・GDP は EF-Ts と複合体をつくり，EF-Tu の構造変化による GDP との親和性の低下により，GDP が解離して GTP が結合する．こうして再生された EF-Tu・GTP が，再びアミノアシル tRNA と複合体をつくる（図9・12参照）．EF-G の場合，GTP との親和性の方が GDP との親和性よりも高いため，EF-Tu の場合のように EF-Ts のようなタンパク質の助けを借りずに，EF-G・GTP 複合体が再生する．

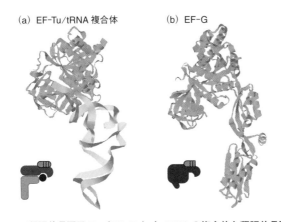

（a）EF-Tu/tRNA 複合体　　　（b）EF-G

図 9・14　**翻訳伸長因子 Tu（EF-Tu）と tRNA の複合体と翻訳伸長因子 G（EF-G）の比較**　（a）は GTP アナログ（類似体）を用いて GTP が EF-Tu に結合した状態の複合体の構造を示す．（b）は GDP アナログを用いて GDP が EF-G に結合した状態の複合体の構造を示す．このような条件下では，EF-G の構造は EF-Tu/tRNA 複合体によく似た構造をもつ．

9・4・4　翻訳の終結とリボソームリサイクリング

　翻訳が進み，mRNA の終止コドン（UAA，UAG，UGA）が A 部位にくると，アミノアシル tRNA/EF-Tu・GTP 複合体に代わり，翻訳終結因子の RF-1（UAA コドンと UAG コドンの場合）または RF-2（UAA コドンと UGA コドン）が A 部位に入る*（図9・15 ❶）．RF-1 と RF-2 も tRNA に分子擬態しており（図9・16），3個のアミノ酸からなる tRNA のアンチコドンに対応する領域をもっている．tRNA の CCA 末端に相当する RF-1 の GGQ 配列を含む領域は P 部位のペプチジルtRNA のペプチド鎖と tRNA の結合を加水分解する酵素として働き，tRNA からペプチド鎖が遊離する（❷）．次に，RF-3・GDP 複合体が A 部位付近に結合する（❸）．リボソームや RF-1 の働きで RF-3 に結合した GDP が GTP に置き換えられると，RF-3 の構造変化が生じ，RF-1 が A 部位から外れる（❹）．次に RF-3 上のGTP が分解されると RF-3 はリボソームから遊離する（❺）．

* 以降は RF-1 の場合の説明とし，RF-2 について省略した．

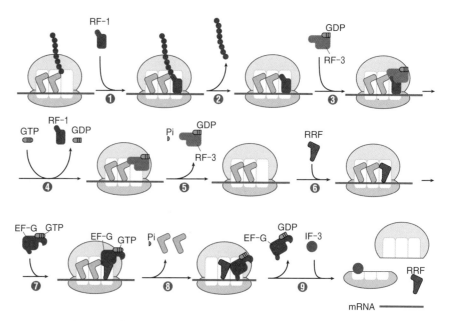

図 9・15 真正細菌における翻訳終結過程とリボソームリサイクリング

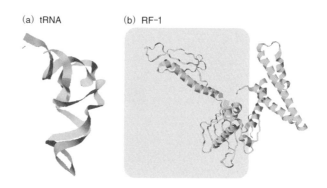

(a) tRNA   (b) RF-1

図 9・16 **tRNA と真正細菌の翻訳終結因子 1 (RF-1) との構造比較** RF-1 はリボソームの A 部位に入ったときの構造を示している. RF-1 の一部のドメインが tRNA の構造に類似している.

　こうした一連の過程でタンパク質の合成は終了するが, リボソームは tRNA や mRNA が結合したままであり, 次の翻訳に入ることができない. 次に, 翻訳の終わったリボソームを再び翻訳に使用できるようにする**リボソームリサイクリング**という過程に入る.

　この過程では, まず, A 部位にリボソームリサイクリング因子 (RRF) が結合する (**⑥**). 次に, EF-G・GTP 複合体が A 部位付近に結合する (**⑦**). EF-G に結合した GTP の加水分解に伴い, リボソームの構造変化が起こり, A 部位のリボソームリサイクリング因子は P 部位に移動し, P 部位 (と E 部位) に位置していた tRNA がリボソームから遊離する (**⑧**). EF-G・GDP がリボソームから離れることで, 50S サブユニットと 30S サブユニット, mRNA, リボソームリサイクリング因

子が分離する（**❾**）．30S リボソームに IF–3 が結合することで 50S サブユニットと 30S サブユニットの会合が妨げられ，次の翻訳開始が可能になる．

9・5 真核生物における翻訳

　真核生物における翻訳も，おおよその流れは真正細菌の場合と変わらない．アミノアシル tRNA 合成酵素による tRNA のアミノアシル化は，真正細菌と真核生物の間で本質的な差はみられない．また，リボソーム上での過程が翻訳開始，翻訳伸長，翻訳終結に分けられることも共通している．しかし，異なる点も多い．本節では，おもに真核生物の翻訳に特徴的な部分についてふれる．

9・5・1 mRNA

　真正細菌の mRNA では開始コドンの上流にリボソーム 30S サブユニット中の 16S rRNA の 3′ 末端部分に相補的なシャイン・ダルガーノ配列があり，これが mRNA のリボソーム上への正しい配置に重要であった．しかし，真核生物の mRNA にはシャイン・ダルガーノ配列に相当する配列はない．その代わりに，mRNA の 5′ 末端にキャップ構造という特徴的な構造が転写後付加されている（図 9・17）．

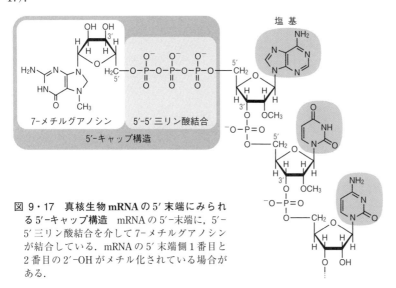

図 9・17　真核生物 mRNA の 5′ 末端にみられる 5′-キャップ構造　mRNA の 5′-末端に，5′-5′ 三リン酸結合を介して 7-メチルグアノシンが結合している．mRNA の 5′ 末端側 1 番目と 2 番目の 2′-OH がメチル化されている場合がある．

　真正細菌の mRNA は，一つの mRNA が複数のタンパク質をコードするポリシストロンであることが多く，各タンパク質の開始コドンの上流にはそれぞれリボソーム結合部位が存在する．一方，真核生物の mRNA は，通常一つのシストロン（一組の開始コドンと終止コドン）しかもたない．真核生物では，通常，mRNA の 5′ 末端に最も近接した開始コドン（AUG コドン）からタンパク質合成が始まる．

　また，真核生物の mRNA には少数の例外を除き，ポリ(A)尾部が付加されている．このポリ(A)尾部にはポリ(A)結合タンパク質が結合しており，これがキャップ構造に結合する転写開始因子と結合し，mRNA は環状になる．この“環状化”が mRNA の安定化に寄与している．

　　さらに，真正細菌では転写途上の mRNA にリボソームがただちに結合して翻訳
が始まる，というように転写と翻訳が連続的に行われる．一方，真核生物では，転
写が行われる核と翻訳が行われる細胞質とは，核膜で隔てられている．また，真核
生物 mRNA の成熟化にはキャップやポリ(A)尾部の付加，イントロンの除去など
の転写後プロセシングが必要であり，転写と翻訳は独立した過程である．

9・5・2　翻 訳 開 始

　　真核生物の翻訳開始には，真正細菌に比べて多数のタンパク質が関与している
（図 9・18）．大サブユニットと小サブユニットに分離したリボソームのうち，小サ
ブユニットにまず，eIF1，eIF1A，eIF3，eIF5 が結合し，大サブユニットとの会合

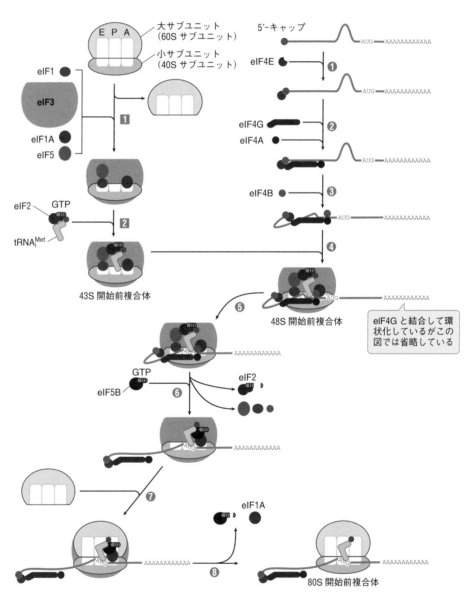

図 9・18　真核生物における 80S 開始前複合体の形成

を阻害する．eIF1 と eIF1A は小サブユニットのそれぞれ E 部位と A 部位に結合する（**1**）．次に，メチオニンを結合した開始 tRNA と eIF2・GTP の三成分複合体が小サブユニットの P 部位に結合し，43S 開始前複合体が形成される（**2**）．

　一方，mRNA では，最初にキャップ結合タンパク質 eIF4E が 5′-キャップを認識する（**1**）．次に，eIF4G が eIF4E と mRNA に，eIF4A が eIF4G と mRNA に結合する（**2**）．さらに eIF4B の結合により，eIF4A の RNA ヘリカーゼ活性が活性化され，mRNA の開始コドン上流の二次構造がほどかれる（**3**）．eIF4G はさらに mRNA の 3′ 末端側のポリ(A)尾部と結合し，mRNA が環状化する．この複合体が 43S 開始前複合体に結合することで，48S 開始前複合体ができる（**4**）．

　小サブユニットとそれに結合した因子（43S 開始前複合体に相当）は，eIF4A/B の RNA ヘリカーゼ活性により ATP 依存的に mRNA 上を 5′ から 3′ 方向に移動する（**5**）．mRNA 上の開始コドンは，開始 tRNA のアンチコドンとの塩基対形成によって識別される．その後，eIF2 が GTP の GDP への分解に伴って小サブユニットから外れ，さらに eIF1，eIF4B，eIF5 が外れる（**6**）．次に，eIF5B・GTP が小サブユニットに結合し，大サブユニットを小サブユニットに結合する（**7**）．その結果，eIF5B・GTP の GTP の加水分解が起こり，それに伴って eIF1A が外れる（**8**）．このようにして 80S 開始前複合体ができあがる．なお，eIF4E，eIF4G，eIF4A は mRNA に結合したまま残り，eIF4B と次の 43S 開始前複合体が結合し，次の翻訳が始まる．

9・5・3 翻訳伸長

　真核生物の翻訳伸長は，真正細菌と本質的に同一の過程で進行する．たとえば，真正細菌の EF-Tu，EF-Ts と EF-G の役割は，真核生物ではそれぞれ相同タンパク質である eEF1α，eEF1β と eEF2 が果たしている．

9・5・4 翻訳終結

　真核生物の eRF1 は三つの終止コドンを認識する．eRF1 は eRF3・GTP と複合体をつくり，これがリボソームの A 部位に入る（図 9・19）．eRF1 が終止コドンを認識すると，eRF3 は GTP を加水分解して構造変化を起こし，これに伴う eRF1 の立体構造変化により，eRF1 の GGQ 配列を含むドメインがペプチジル転移酵素中心に入る．これによって，eRF1 の GGQ 配列を含む領域が酵素として働き，ポリペプチジル tRNA からポリペプチド鎖が加水分解によって遊離する．なお，真核生物の eRF1 と真正細菌の RF-1 や RF-2 は，起源が異なるタンパク質である．しかし，

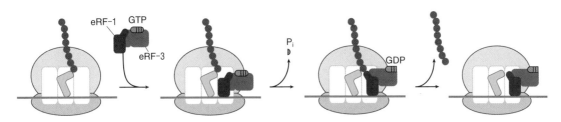

図 9・19　真核生物における翻訳終結過程

古細菌の翻訳

三つの生物のドメインのうち古細菌については，これまでふれてこなかった．古細菌の翻訳は，真核生物と真正細菌の翻訳の中間的な性質を示す．生物の歴史から考えると，真正細菌と古細菌の系統が分かれて，のちに古細菌のなかから真核生物が生まれたと考えられる．よって，少なくとも真正細菌と古細菌の間で共通の性質はすべての生物の共通祖先の性質であると考えられる．

古細菌の mRNA は，キャップ構造や長いポリ(A)尾部をもたない単純な構造である一方で，シャイン・ダルガーノ配列をもつ場合があり，真正細菌の構造に似ている．ところが，開始コドンに対応するアミノ酸は，真核生物と同様にメチオニンであり，真正細菌でみられるホ

ルミルメチオニンではない．

古細菌のリボソームの大きさは真正細菌のリボソームに近く，70S リボソームである．しかし，そのタンパク質の構成は真正細菌よりも真核生物のリボソームに似ている．

翻訳因子のなかでは，真正細菌における IF-1，IF-2，EF-Tu，EF-G に相当する因子は古細菌や真核生物の間で共通である．翻訳開始に関わるタンパク質因子の数は，真正細菌と真核生物の中間を示す．翻訳終結は真核生物型であり，aRF1 が3種の終止コドンを認識する．しかし，RF3 は存在せず，その役割は aEF1α が果たす．

興味深いことに，ポリペプチジル tRNA からのポリペプチド鎖の遊離の触媒に必須な配列としてともに GGQ 配列をもっている．

9・6　欠陥のある mRNA からどう翻訳するか

RNA ポリメラーゼによる転写は，DNA ポリメラーゼによる DNA 複製に比べて正確性が低く，変異 RNA が出現しやすい．また，RNA は DNA よりも不安定であるため，切断された RNA も出現しやすい．このように欠陥のある mRNA が翻訳されると，異常なタンパク質を生じる．mRNA にミスセンス変異が入っても，生体系はこれを検出することはできない．しかし，途中で途切れた mRNA，あるいは終止コドンのない mRNA や，逆にナンセンス変異などにより途中に終止コドンをもつ mRNA は翻訳の際に検出され，欠陥 mRNA と翻訳された異常タンパク質が除去される機構が存在している．

9・6・1　途切れた mRNA からの救済

転写が途中で終結したり mRNA が途中で切断されたりして終止コドンがなくなると，異常なタンパク質ができる．また，リボソームは，アミノアシル tRNA や終結因子が結合するコドンがないので，mRNA の 3′ 末端で立ち往生してしまう．その結果，欠陥 mRNA 上に多くのリボソームがトラップされて再利用できなくなる．この状況を救済するシステムを原核細胞はもっている．

転移伝令 RNA（transfer-messenger RNA，**tmRNA**）は，長さ数百ヌクレオチド（大腸菌では 457 b）で独特な環状に折りたたまれ，SmpB とよばれるタンパク質と結合する．tmRNA の両端は会合していて，tRNA と似た形状（tRNA-like domain，TLD）をとる（図 9・20）．さらに，tRNA^{Ala} と同じように TLD の 3′ 末端にはアラニル tRNA 合成酵素によりアラニンが付加される．この構造上の類似性のため，Ala-tmRNA には EF-Tu・GTP が結合し，リボソームの A 部位に侵入し，他のアミノアシル tRNA と同様にペプチジル転移反応が起こる（図 9・21 ❶〜❸）．

Ala-tmRNA はかなり大きいので，正常に翻訳が進行している A 部位には入れないが，mRNA の末端が切れた状態では A 部位の空間が大きくなり入り込むことができるようになる．tmRNA には mRNA に似た部位（mRNA-like domain, MLD）があり，トランスロケーション後，この部分がリボソームの mRNA 用の通路に入り，翻訳が進行する（❹〜❻）．大腸菌では 10 個のアミノ酸を付加した後，MLD に存在する終止コドンで翻訳が終結し，リボソームとタンパク質が解離する（❼）．で

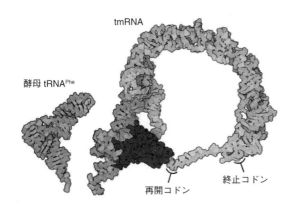

図 9・20　**tmRNA の構造**　右は好熱菌 *Thermus thermophilus* 由来の tmRNA の構造［PDBid 3iyr より］．濃いピンクは TLD，薄いピンクは MLD，濃いグレーは SmpB タンパク質を表す．比較のため，左に酵母 tRNA^Phe の構造を示した［PDBid 4tna より］．

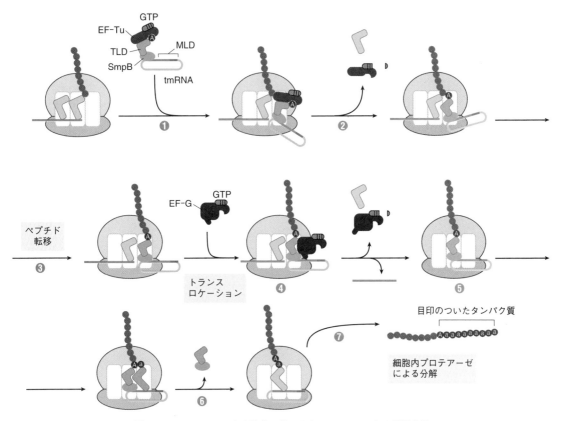

図 9・21　**tmRNA による終止コドンのない mRNA からの翻訳終結**

きあがったタンパク質はこの 10 個のアミノ酸が目印となり，細胞内プロテアーゼ
で速やかに分解される．

9・6・2　真核生物で終止コドンがない場合の救済

　真核生物では，DNA の変異や転写のミスにより mRNA に終止コドンがなくなっ
た場合には，non-stop decay（NSD）とよばれる機構が働く．真核生物の mRNA の
3′ 末端にはポリ(A)尾部が存在する．終止コドンがない mRNA が翻訳されると，
リボソームはポリ(A)尾部まで翻訳を続け，その結果，タンパク質の C 末端には数
十個のリシンが加わる（AAA はリシンをコードしている）．そして，リボソームは
mRNA の 3′ 末端で立ち往生する．すると，eRF3·GTP に類似した Hbs1·GTP と
eRF1 に類似した Dom34 の複合体が A 部位に結合して，リボソームの解離を促す
（図 9・22 ❶）．その結果，3′ → 5′ エキソヌクレアーゼを含むエキソソーム複合体*
がよび込まれ，3′ 末端からの mRNA の分解が進む（❷）．また，リボソームがポリ
(A)部位を通過するとポリ(A)結合タンパク質が外れることにより，mRNA の環状
構造が壊れ，5′→3′ エキソヌクレアーゼ Xrn1 により 5′ 末端から分解される．さら
に，C 末端に多くのリシンが連なった異常タンパク質はユビキチン化され，プロテ
アソームにより分解される．

*　動物の細胞外小胞である"エ
キソソーム"と同じ名称だが，
まったく別のものである．ここ
での"エキソソーム"は，真核
生物や古細菌に存在し，さまざ
まな RNA を分解するタンパク
質複合体のことをいう．

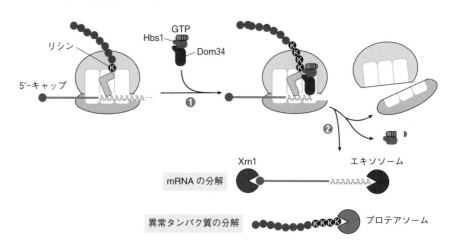

図 9・22　終止コドンのない mRNA の分解機構

9・6・3　真核生物で途中に終止コドンをもつ場合の救済

　真核生物で，mRNA 中に本来の終止コドンよりも上流にインフレーム終止コド
ンが生じると，**ナンセンス変異依存性 mRNA 分解**（nonsense-mediated mRNA
decay，NMD）とよばれる機構が働く．真核生物では，mRNA 前駆体がスプライ
シングを受けると，上流エキソンの 3′ 末端に近い部位（エキソンどうしの連結部
のすぐ上流）に**エキソン接合部複合体**（EJC）が結合する．最初の翻訳の際に，リ
ボソームがこの部位を通過すると EJC は mRNA から解離し，翻訳終了時にはすべ
ての EJC が除かれる（図 9・23a）．しかし，DNA の変異や転写のミス，あるいは
スプライシングの異常によって終止コドンが存在すると，リボソームはそれ以降の
EJC を除くことができない．すると，停止したリボソームに結合した eRF3 と EJC

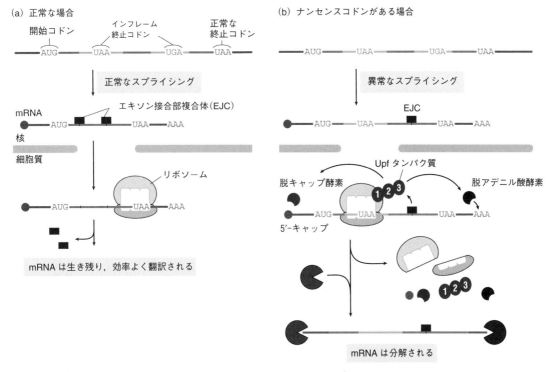

(a) 正常な場合

(b) ナンセンスコドンがある場合

図 9・23　ナンセンス変異依存性 mRNA 分解機構

が Upf1，Upf2，Upf3 タンパク質をリボソームによびよせる（図 9・23b）．これらのタンパク質は脱キャップ酵素や脱アデニル酸酵素を活性化し，mRNA の両末端が削られる．そして，5′ 末端からは Xrn1 が，3′ 末端からはエキソソームが作用して，速やかに mRNA を分解する．このようにして，途中に終止コドンが入った mRNA は最初の翻訳の際に取除かれ，異常なタンパク質の生成が防がれる．

9・7　機能をもったタンパク質ができるまで

　タンパク質の機能は，遺伝暗号に従ってアミノ酸をつなげるだけで生じるわけではない．個々のタンパク質がそれぞれの機能を発揮するためには，新しく合成されたポリペプチド鎖が正しく折りたたまれて適切な立体構造をとり（この過程を**フォールディング**という），必要に応じてプロテアーゼによる限定的な切断やリン酸化などの化学修飾を受け，場合によっては他のポリペプチドと複合体を形成し，さらに細胞内外の適切な場所へ運ばれる必要がある．ここでは，新生ポリペプチドの折りたたみに関わる機構と，タンパク質の化学修飾（翻訳後修飾）についてみていこう．

9・7・1　タンパク質の折りたたみ

　タンパク質が折りたたまれるときには，疎水性残基の大半が内側へ入り込む．また，ポリペプチドのさまざまな部分の間で非共有結合が多く形成される．そして，自由エネルギーが最も低いコンホメーションへと折りたたまれる．自身では正常に

折りたたみできないものも多く，それらは，リボソームから出た直後に**シャペロン**とよばれるタンパク質の助けを借りて正しく折りたたまれる．シャペロンの多くは**熱ショックタンパク質**（heat-shock protein, **Hsp**）とよばれている．Hspは熱ショック（たとえば，細胞が正常な温度37℃より高温の42℃にさらされる）を受けた際に大量に産生され，高温により正しい構造をとれなくなったタンパク質の再フォールディングを促す．

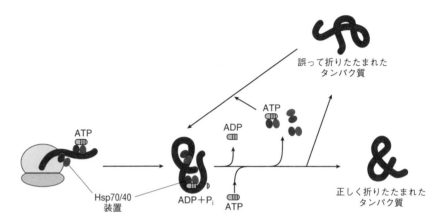

図 9・24　Hsp70/40 ファミリーによるタンパク質のフォールディング　［B. Alberts, *et al.*, "Molecular Biology of THE CELL（5th ed.）", fig. 6-86 より改変］

* 古細菌と真核生物はトリガー因子をもっていない．

　大腸菌では，リボソームの新生ポリペプチド出口付近にトリガー因子*とよばれるタンパク質が結合しており，出口から顔を出したポリペプチドの疎水性領域に結合し，異常な相互作用や凝集を防いでいる．リボソームから細胞質に出てきた少し長いポリペプチドの疎水性領域には，ATPと結合したHsp70シャペロン（大腸菌ではDnaK）とHsp40コシャペロン（大腸菌ではDnaJ）が結合する．ATPの加水分解と共役してポリペプチドの巻戻しとフォールディングが行われる（図9・24）．この過程を繰返すことにより，ポリペプチド鎖が正しく折りたたまれていく．

　その後，翻訳が完了したタンパク質のうち，うまく折りたたまれなかったものは，**シャペロニン**ともよばれるHsp60ファミリー複合体の働きにより正しく折りたたまれる．大腸菌のシャペロニンはGroELとGroESからできている．GroELは7個の同じサブユニットが結合したリング状構造が二つ重なって樽状の構造をつくっている．最初に，一方の樽状構造の縁に，誤った構造に折りたたまれたタンパク質（基質タンパク質）が疎水性相互作用により結合する（図9・25）．7個のATPとGroESが結合すると（結合した方の樽状構造をcisリング，反対側をtransリングという），cisリングの内部の空洞が広がるとともに基質タンパク質が空洞に取込まれ，巻戻しと折りたたみが始まる．その後，7個のATPがADPに分解されるとGroESとGroELの結合が弱まる．つづいてtransリングに2個目の基質タンパク質および7個のATPが結合すると，cisリングからGroES，ADPおよび折りたたみが進んだ基質タンパク質が解離する．その結果，transリングとcisリングが反転したようになり，次のサイクルに入る．このサイクルを繰返すことにより，誤って折りたたまれたタンパク質は正しい構造に直される．

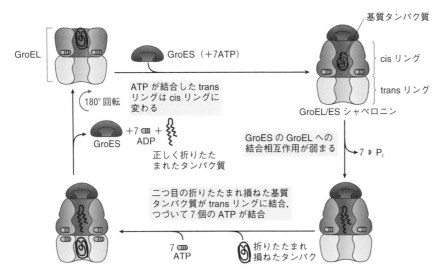

図 9・25　**GroEL/ES シャペロニンによるタンパク質のフォールディング**　［D. Voet, J.G. Voet, C.W. Pratt, "Fundamentals of Biochemistry—Life at the Molecular level（5th ed.）", fig.6-45 より改変］

9・7・2　翻 訳 後 修 飾

　翻訳が完了したポリペプチド鎖の多くは，その後，切断や化学修飾を受けて機能をもったタンパク質となる．この過程を**翻訳後修飾**という．

　翻訳直後のタンパク質の N 末端は，原核細胞では N-ホルミルメチオニン，真核細胞ではメチオニンであるが，多くの場合，これらはアミノペプチダーゼにより除去される．また，分泌タンパク質などは N 末端にシグナル配列をもち，シグナルペプチダーゼによる切断を受けることが多い．さらに，タンパク質はさまざまな化学修飾を受ける．真核細胞の分泌タンパク質や膜タンパク質は，ジスルフィド結合の形成による構造変換や糖鎖の付加を受けることが多い．また，細胞内のタンパク質も含めて，プロテアーゼによる切断や分解を受けるものもある．細胞内のタンパク質のアミノ酸残基は，いろいろな低分子化合物と結合したり，他のタンパク質と共有結合したりすることもある．翻訳後修飾は 100 種類以上あると考えられているが，ここではそのうちの代表的なものについてみていこう．

　a. グリコシル化　タンパク質のグリコシル化には，N-グリコシル型と O-グリコシル型がある．N-グリコシル型ではドリコール二リン酸の末端リン酸に 14 個（マンノース残基 9 個，グルコース残基 3 個，N-アセチルグルコサミン残基 2 個）の糖が結合したドリコール二リン酸グリコシドから，小胞体内腔で伸長中のポリペプチド鎖にある-Asn-X-Ser/Thr-配列のアスパラギン残基にオリゴ糖が転移することから始まる（図 9・26a，図 9・27）．その後，小胞体内で末端のグルコース残基が取除かれ，ゴルジ体でいくつかのマンノース残基が取除かれる．さらにゴルジ体でガラクトース，シアル酸，L-フコースなどが付加される．

　O-グリコシル型では，セリンまたはトレオニンのヒドロキシ基に，β-ガラクトシル-1,3-α-N-アセチルガラクトサミンのコアが結合していることが多い（図 9・26b）．糖の付加はゴルジ体で 1 個ずつ行われる．付加される糖の数は，1 個から 1000 個程度まで非常に多様である．

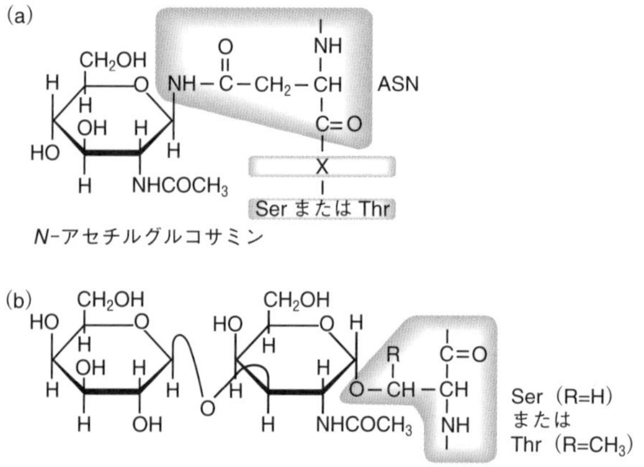

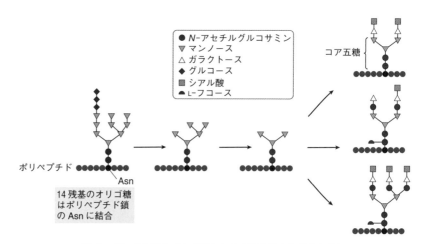

図 9・26　ペプチド鎖に結合したオリゴ糖の根本部分　(a) ポリペプチド鎖中の Asn-X-Ser/Thr に結合した N-アセチルグルコサミン（GlcNAc）．(b) ポリペプチド鎖中の Ser または Thr に結合した β-ガラクトシル-α-N-アセチルガラクトサミン.

図 9・27　小胞体とゴルジ体における糖の除去と新たな付加

　b. リン酸化　　真核細胞では，おもにセリン残基，トレオニン残基，あるいはチロシン残基のヒドロキシ基に ATP からタンパク質リン酸化酵素（プロテインキナーゼ）によりリン酸基が移される．原核生物では，これら以外にヒスチジン残基，アルギニン残基，リシン残基もリン酸化されることがある．リン酸化は可逆的な反応であり，プロテインキナーゼとホスホプロテインホスファターゼの作用により，リン酸化の度合いが調節されている．タンパク質のリン酸化は，構造の変化，活性の変化，他のタンパク質との結合性の変化などを起こし，細胞内でのさまざまな調節機構において重要な役割を担っている．

　c. メチル化とアセチル化　　タンパク質の**メチル化**では，アルギニン残基には 1 個か 2 個の，リシン残基には 1～3 個のメチル基がそれぞれのアミノ基の水素原子を置換する形で，メチル基転移酵素の作用により S-アデノシルメチオニンから転移する．メチル化は可逆的であり，脱メチル化酵素によりメチル基が除かれる．タンパク質のメチル化の代表として，ヒストンのメチル化があげられ，染色体の構

造や転写調節と深く関わっている（§3・3・2参照）.

　タンパク質の**アセチル化**では，リシン残基のアミノ基にアセチル基転移酵素の作用によりアセチルCoAからアセチル基が転移しアミド結合がつくられる．アセチル化も可逆的であり，脱アセチル化酵素によりアセチル基が除かれる．タンパク質のアセチル化の代表としてもヒストンがあげられ，おもに転写の活性化に関与している（§3・3・2参照）.　また，ヒストン以外では，がん抑制遺伝子産物p53，転写因子E2Fなどさまざまなタンパク質がアセチル化され，これらの安定性，活性や局在，特異的相互作用などを制御することにより，細胞のさまざまな過程の制御に関わっている.

　d. 脂質による修飾　　一部のタンパク質は，脂質と共有結合することにより，生体膜につなぎとめられる．このような修飾は，脂肪酸アシル化，プレニル化，グリコシルホスファチジルイノシトール化の三つに分類される（図9・28）.

　脂肪酸アシル化ではミリスチン酸かパルミチン酸がタンパク質に結合する．パルミトイル化では，C_{16}飽和脂肪酸であるパルミチン酸が，タンパク質中の特定のシステイン残基にチオエステル結合する場合が多い．この反応を触媒するのはパルミトイル転移酵素であり，パルミトイルCoAからパルミトイル基が移される．また，パルミトイル基はパルミトイルチオエステラーゼにより除去される．パルミトイル化されるタンパク質には，低分子量Gタンパク質，イオンチャネルなど，シグナル伝達に関与するものが多い．ミリストイル化では，C_{14}飽和脂肪酸であるミリスチン酸が，新生タンパク質のN末端のメチオニンがアミノペプチダーゼで除去された後の末端グリシン残基のアミノ基にアミド結合で結合する．この反応を触媒するのは*N*-ミリストイル転移酵素であり，ミリストイルCoAからミリストイル基が移される．この反応は翻訳中に起こり，不可逆である．ミリストイル化されるタ

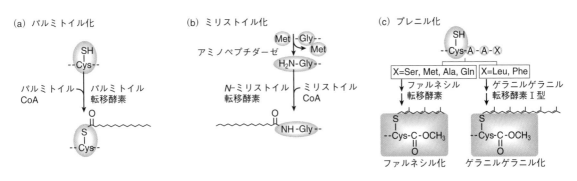

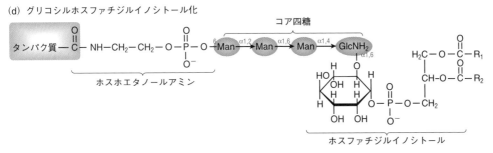

図9・28　タンパク質の脂質修飾

ンパク質には，Src キナーゼファミリー，三量体 G タンパク質 α サブユニットなどがあり，細胞膜の細胞質側，細胞質，小胞体，核などさまざまな場所に存在する．

プレニル化は，イソプレノイド基である C_{15} のファルネシル基か C_{20} のゲラニルゲラニル基が，C 末端の CAAX（C はシステイン，A は脂肪族アミノ酸）のシステイン残基にスルフィド結合で付加される．X がセリン，メチオニン，アラニン，グルタミンの場合はファルネシル基が，ロイシンかフェニルアラニンの場合にはゲラニルゲラニル基が付加される．なお，AAX は切断され，新たに生じたカルボキシ基はメチルエステル化される．

GPI: glycosylphosphatidyl-inositol

グリコシルホスファチジルイノシトール（GPI）基は，ホスファチジルイノシトールがグリコシド結合で *N*–アセチルグルコサミンとそれに続く 3 個のマンノース（コア四糖）につながり，さらにマンノースはホスホジエステル結合でエタノールアミンと結合した構造をしている．GPI の結合するタンパク質は，C 末端に膜貫通領域をもった前駆体として合成され，小胞体内腔側の膜表面に近い部分がプロテアーゼで切断されて，生じた C 末端カルボキシ基が GPI のエタノールアミンのアミノ基に結合する．GPI 化タンパク質は，細胞膜のラフト（スフィンゴ脂質とコレステロールが多く集まった部分）に濃縮されている．

e. タンパク質との共有結合　　**ユビキチン**は真核生物で高度に保存されたタンパク質で，76 個のアミノ酸からなる．ユビキチンの C 末端グリシンのカルボキシ基は，他のタンパク質のリシン残基の ε–アミノ基とアミド結合（イソペプチド結合とよぶ）を介して結合する．また，タンパク質に結合したユビキチンのリシン残基に結合することを繰返して，ポリユビキチン化される場合もある．これらの反応は，ユビキチン活性化酵素（E1），ユビキチン結合酵素（E2），ユビキチンリガーゼ（E3）の三つの酵素が連続して触媒する．ユビキチン化は可逆的であり，脱ユビキチン酵素によりユビキチンは標的タンパク質から除かれる．一般に，ユビキチン内の 48 番目のリシンを介してポリユビキチン化されたタンパク質は，プロテアソームの標的となり分解される．ユビキチン化は，分解のシグナルとなるだけではなく，タンパク質の局在の変化，相互作用の変化などを通して，細胞増殖，DNA損傷修復，細胞内シグナル伝達など多くの過程に関与し，生命の維持に重要な役割を担っている．

ユビキチンと構造的に似たタンパク質として，**SUMO**（small ubiquitin-like modifier）タンパク質があり，このタンパク質もユビキチンと同じように標的タンパク質のリシン残基にイソペプチド結合を介して結合する．SUMO 化は分解のシグナルではなく，核タンパク質の輸送，転写制御，ストレス応答などのさまざまな過程に関与する．ユビキチンと同じように標的タンパク質を修飾するタンパク質が SUMO 以外にもいくつか見いだされている．

■ 章 末 問 題

9・1　1 種類の tRNA が複数のコドンに対応できる仕組みを説明せよ．

9・2　アミノアシル tRNA がどのように形成されるか，アミノアシル tRNA 合成酵素の役割に基づいて説明せよ．

9・3　真正細菌のリボソームを構成する 16S rRNA が翻訳開始に果たす役割を説明せよ.

9・4　23S rRNA（28S rRNA）はリボザイムである．その理由を説明せよ.

9・5　真正細菌の EF-G や RF-1 にみられる分子擬態とは何か，説明せよ．また，これらの分子が分子擬態することの利点を考えよ.

9・6　真正細菌と真核生物の mRNA の構造の違いに基づいて翻訳開始過程の違いを説明せよ.

9・7　翻訳過程に作用する抗生物質（2 種以上）について調べて，その作用機序を説明せよ.

9・8　真核生物には tmRNA を介する機構は存在しないが，それでも不都合が起こらない理由を説明せよ.

9・9　タンパク質の部分的な折りたたみ構造二つを調べて，説明せよ.

9・10　2 種のグリコシル化と 3 種の脂質による修飾を受けるタンパク質を調べ，それぞれ一つの例をあげて，そのタンパク質の役割を説明せよ.

9・11　ユビキチン化を触媒する三つの酵素の役割を調べて，説明せよ.

10 遺伝子発現の調節

概要 DNAの複製により細胞は同一の遺伝情報を受継ぐが，多細胞生物の細胞は組織によって異なる多様な形質を示す．これは遺伝子発現が異なることによる．単細胞生物も環境の変化に応じて，遺伝子の発現が変化する．原核生物と真核生物の遺伝子の発現調節には，共通点もあれば異なる点もある．この章では，それぞれにおける特徴についてみていく．

原核生物の遺伝子発現調節の特徴は，複数の遺伝子がオペロンとよばれる転写単位を形成し，包括的に発現調節されることである．一方，真核生物の遺伝子は，普通オペロンを構成していない．原核・真核生物のいずれにおいても，転写はプロモーターから開始される．原核生物では多くの場合，オペロンの転写は調節タンパク質の働きによって調節されるが，それ以外の仕組み（アテニュエーションなど）によって調節される場合もある．

真核生物においても，プロモーターと基本転写因子のほかに，エンハンサーやサイレンサーとよばれる塩基配列とさまざまな調節タンパク質によって転写が調節されている．真核生物の遺伝子発現調節には，クロマチン構造も深く関わる．クロマチンの構造には，ユークロマチンとヘテロクロマチンの2種類があって凝縮度や転写活性が異なり，ヒストンの修飾やDNAのメチル化が深く関わっている．クロマチン構造による転写調節はDNA配列非依存的であり，このようにDNAの塩基配列とは無関係に遺伝子発現の差を生み出す仕組みをエピジェネティクスとよぶ．また，タンパク質をコードしないさまざまなノンコーディングRNA（ncRNA）が遺伝子発現を調節する機能をもつことが次々と明らかにされており，調節RNAとよばれる．

行動目標

1. オペロンについて説明できる
2. アクチベーターとリプレッサーの働きを説明できる
3. 2種類のクロマチン構造を説明できる
4. プロモーター，エンハンサー，サイレンサーを説明できる
5. 転写サイレンシングを説明できる
6. ヘテロクロマチン形成機構を説明できる
7. エピジェネティクスについて説明できる
8. RNAアプタマーを説明できる
9. リボスイッチについて説明できる
10. RNA干渉の原理を説明できる
11. siRNAとmiRNAの違いについて説明できる
12. X染色体不活化におけるノンコーディングRNAの役割を説明できる

10・1 原核生物の転写調節

多様な代謝を行う原核生物は地球上のあらゆる環境に生育しているが，それらの生育環境は一定に保たれているわけではなく，温度やpH，化学物質の濃度などの環境因子は常に変化している．このような変化にうまく適応して生存していくためには，それを感知して細胞機能を制御する仕組みが重要となる．たとえば，細胞の周囲に栄養となる化合物が現れると，それがシグナルとなり，直接あるいは間接的に細胞内に伝わることによって，その化合物を代謝する機能が発現される．こうした細胞機能の調節は遺伝子の転写開始から翻訳後までのさまざまな時点で行われるが，転写開始時の調節がエネルギー的に最も効率がよく一般的である．本節では，よく研究されている大腸菌を例に，原核生物の遺伝子発現調節機構をみていく．

10・1・1 *lac*オペロンの構造

1961年，フランスの科学者F. Jacob と J. Monod は，**オペロン説**を発表し，遺伝子の発現調節の基本概念を示した．彼らは，ラクトース（乳糖）を含む培地で培養

した場合にだけ大腸菌がラクトースの分解活性を示す現象に着目し，これに遺伝子の発現調節が関与していると考えた．研究の結果，ラクトースの分解に関与する遺伝子群（*lac* オペロン）の近傍にその発現を抑制する部位（**オペレーター**）が存在し，この部位に別の遺伝子産物（**調節タンパク質**）が作用することで *lac* オペロンの発現が調節されるというモデル（オペロン説）を提唱するに至った．彼らは，この業績により，1965 年にノーベル生理学・医学賞を受賞している．

　オペロンとは，同じ調節を受け一つの mRNA として転写される遺伝子群のことであり，原核生物では多くの遺伝子がオペロンを構成することによって効率的に発現調節されている．オペロンには互いに関連する機能をもつ遺伝子が含まれることが多い．大腸菌の *lac* オペロンでは，3 個の *lac* 遺伝子（*lacZ*，*lacY*，*lacA*）が連続して並んでいる（図 10・1a）．これらのなかで *lacZ* 遺伝子は，β-ガラクトシダーゼという，ラクトースをグルコースとガラクトースに分解する酵素をコードする．*lacY* 遺伝子は β-ガラクトシドパーミアーゼをコードし，このタンパク質は細胞膜に局在してラクトースを細胞内に輸送する役割を果たす．*lacA* 遺伝子は，ガラクトシドアセチル基転移酵素をコードする．ラクトース代謝におけるこの酵素の役割ははっきりとわかっていないが，β-ガラクトシドパーミアーゼ（*lacY* 遺伝子産物）

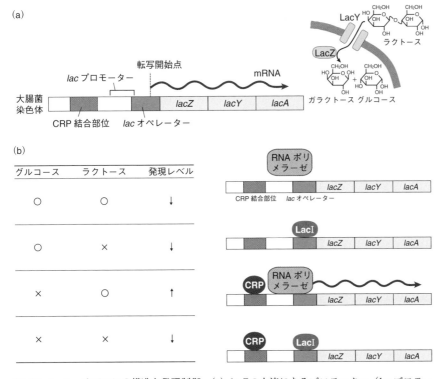

図 10・1　***lac* オペロンの構造と発現制御**　(a) *lacZ* の上流にあるプロモーター（*lac* プロモーター）に RNA ポリメラーゼが結合し，*lacZ*，*lacY*，*lacA* の 3 個の遺伝子が単一の mRNA として転写される．*lac* オペレーターは *lac* プロモーターと部分的に重複している．CRP 結合部位は *lac* プロモーターの上流に位置する．(b) CRP はグルコースが存在しない場合に CRP 結合部位に結合して転写を活性化する．一方，LacI はラクトースが存在しない場合に *lac* オペレーターに結合して転写を抑制する．したがって，*lac* オペロンの転写は，グルコースが存在せずラクトースが存在する場合に活性化される（上から 3 段目の状態）．

がラクトースを取込む際に紛れ込む有毒物質を分解し，無毒化する役割を果たしていると考えられている．これら 3 個の遺伝子は，*lacZ* の 5′ 側に存在するプロモーター（*lac* プロモーター）から単一の mRNA として転写される．

　Jacob と Monod の研究以降も大腸菌の *lac* オペロンは遺伝子発現調節のモデルとしてよく研究され，今ではその転写を調節する仕組みが詳しくわかっている．遺伝子の転写調節の基本原理は，細胞が何らかのシグナルを受取った際に，そのシグナルが転写の活性化因子（**アクチベーター**）または抑制因子（**リプレッサー**）に伝わり，転写量（mRNA が合成される量）が調節されるというものである．通常，これらの転写調節因子は，プロモーター（RNA ポリメラーゼが結合し，転写が始まる部位）の内部もしくは近傍にある特定の DNA 配列に結合するタンパク質であり，RNA ポリメラーゼの働きをアクチベーターは促進し，リプレッサーは妨げることによって遺伝子の転写量を調節する．*lac* オペロンの場合，**サイクリック AMP 受容タンパク質**（cyclic AMP receptor protein，**CRP**）とよばれるアクチベーターと，**LacI** というリプレッサーが転写調節に関与する．これらの転写調節因子の働きによって，培地中にラクトースが存在し，かつ優先的に利用されるエネルギー源のグルコースが存在しない場合に，*lac* オペロンの転写量が増加するように調節されている（図 10・1b）．

　CRP と LacI は，*lac* プロモーター近傍の DNA 配列（CRP 結合部位と *lac* オペレーター）にそれぞれ特異的に結合し，グルコースとラクトースの有無に応じて *lac* オペロンの転写を調節する．CRP は，グルコースが存在しない場合に CRP 結合部位に結合し，転写を活性化する．一方，LacI は，ラクトースが存在しない場合に *lac* オペレーターに結合し，転写を抑制する．CRP による転写活性化よりも LacI による転写抑制の方が強力に働くため，グルコースとラクトースが両方とも存在しない場合には *lac* オペロンはほとんど転写されない．この仕組みにより，グルコースが存在せずラクトースを分解する必要がある場合にだけ *lac* オペロンが発現し，細胞がラクトースの分解活性を示すようになる．このように一つのシグナルに応答する調節タンパク質が複数作用することによって特定の条件下で転写が誘導される仕組みは，原核生物の遺伝子発現においてよくみられる．

10・1・2　リプレッサーによる調節

　リプレッサーが結合する部位（オペレーター）は，プロモーターの内部，もしくはその下流（プロモーターと遺伝子の間）に存在することが多い．*lac* オペロンの場合，LacI が結合するオペレーター（*lac* オペレーター）は，*lac* プロモーターと

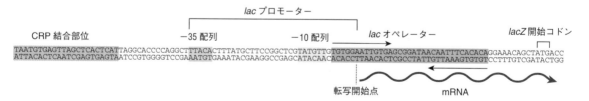

図 10・2　*lac* オペロンの発現制御に関与する DNA 領域　*lac* オペレーター内の逆向き反復配列を矢印で示す．不完全ではあるが，逆向き反復配列は CRP 結合部位にもみられる．

部分的に重なった位置に存在する（図10・2）．そのため，LacI が *lac* オペレーター
に結合すると，RNAポリメラーゼの *lac* プロモーターへの結合が物理的に妨げら
れ，RNA合成の開始が阻止される．このように，リプレッサーは単純だが強力な
方法で転写を抑制する．

　リプレッサーが DNA に結合するかどうかは環境からのシグナルに依存し，多く
の場合，そのシグナルは低分子化合物である．調節タンパク質に作用して遺伝子の
発現に影響を与える低分子化合物を，**エフェクター**とよぶ．リプレッサーがエフェ
クターを受容すると，アロステリック効果による構造変化が生じて DNA への結合
活性が変化する．エフェクターには2種類あり，一つは**インデューサー**とよばれ，
もう一つは**コリプレッサー**とよばれる．インデューサーは転写を誘導する物質であ
り，リプレッサーがインデューサーを受容すると DNA 結合活性が失われ，オペ
レーターから解離する．これにより転写抑制が解除（脱抑制）され，転写が誘導さ
れる．一方，コリプレッサーはリプレッサーとともに転写を抑制するように働く．
この場合，コリプレッサーが存在しないとリプレッサーは DNA に結合せず，転写
が抑制されないが，リプレッサーがコリプレッサーを受容するとオペレーターに結
合するようになり，転写が抑制される．

　LacI の場合，ラクトースが細胞内で変換されて生じるアロラクトース（図10・
3）がインデューサーとして働く．ラクトースは *lacZ* 遺伝子にコードされるβ-ガ
ラクトシダーゼによってアロラクトースに変換される．ラクトースが存在しない場
合，*lac* オペロンの発現は LacI によって抑制されている（図10・3b）．しかし，

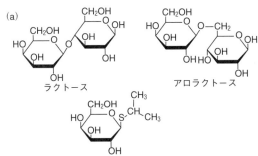

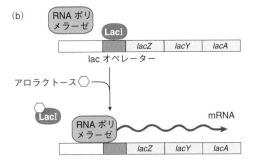

図 10・3　アロラクトースによる *lac* オペロンの脱抑制　（a）ラクトース，アロラクトース，
および IPTG の構造．（b）アロラクトースが存在しない場合，LacI が *lac* オペレーターに結合
し，転写が抑制される．LacI がアロラクトースと結合すると，lac オペレーターから解離し，
転写抑制が解除される．この図では CRP 結合部位は省略されている．

LacI による抑制は完全ではなく，低レベルの転写が生じており，わずかな量の β-ガラクトシダーゼと β-ガラクトシドパーミアーゼが存在している．この状態において，ラクトースが存在するようになると，微量の β-ガラクトシドパーミアーゼによりラクトースが細胞に取込まれて，微量の β-ガラクトシダーゼによってラクトースからアロラクトースが合成される．これと LacI が結合すると，LacI が *lac* オペレーターから解離して *lac* オペロンが大量に発現する．このように，アロラクトースはラクトースの存在を伝えるシグナル物質として作用する．

　LacI を含む多くの調節タンパク質は，**ヘリックス・ターン・ヘリックス**とよばれる構造を使って DNA に結合する．ヘリックス・ターン・ヘリックスは，二つの α ヘリックス（認識ヘリックスと安定化ヘリックス）と，これらをつなぐ短いペプチド鎖によって構成されている（図 10・4a）．認識ヘリックスは，DNA の主溝に入り込み，DNA の配列を認識する役割を果たす．安定化ヘリックスは，DNA の主鎖と接触し，タンパク質と DNA の結合を安定化させる働きをする．調節タンパク質の DNA への結合は，タンパク質と DNA との分子間相互作用（水素結合やファンデルワールス力の組合わせ）によって生じる．LacI のヘリックス・ターン・ヘリックスは *lac* オペレーター内の DNA 配列に対して他の DNA 配列よりも強く相互作用するため，LacI は *lac* オペレーターに特異的に結合する．多くの場合，調節タンパク質の結合配列には**逆向き反復配列**が含まれており，二量体化した調節タンパク質の二つの認識ヘリックスがこの配列にはまり込むように結合する（図 10・4b）．

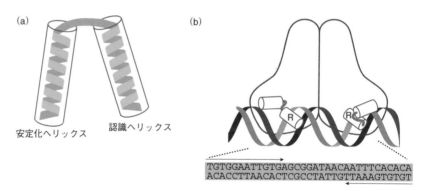

図 10・4　調節タンパク質の DNA への結合　(a) DNA 結合タンパク質にみられるヘリックス・ターン・ヘリックス構造．(b) 多くの場合，調節タンパク質は二量体を形成し，二つの認識ヘリックス（R）が逆向き反復配列に結合する．下の塩基配列は LacI が結合する逆向き反復配列を示す．LacI は実際には二つの二量体からなる四量体を形成し，図に示した部位（O_1）以外の部位（O_2 と O_3）にも結合するが，ここでは省略する．

　LacI による転写調節の仕組みは，**発現ベクター**において任意の遺伝子を効率よく発現させるために利用されている．発現ベクターとは，大腸菌などの宿主生物に目的とするタンパク質を合成させるために用いる DNA のことであり，LacI と *lac* プロモーター（および *lac* オペレーター）を利用すれば，インデューサーの添加によって目的タンパク質の遺伝子発現を誘導することができる．この場合，インデューサーとしてはアロラクトースの類似体であるイソプロピル-β-チオガラクト

ピラノシド（IPTG, 図 10・3a 参照）という合成分子がよく用いられる．IPTG はアロラクトースと同様に LacI に結合し，インデューサーとして働くが，アロラクトースとは異なり，β-ガラクトシダーゼによる分解を受けない．そのため，IPTGは大腸菌の細胞内で持続的に遺伝子発現を誘導することができる．

IPTG：isopropyl-β-thiogalacto-pyranoside

10・1・3 カタボライト抑制

前述したように，*lac* オペロンの発現は，利用しやすい炭素源であるグルコースが培地中に存在する場合には抑制される．したがって，大腸菌は，グルコースを利用できる場合にはラクトースの代謝活性を示さない．このように，優先的に利用される炭素源が存在する場合に他の炭素源の代謝が抑制される現象を，**カタボライト抑制**とよぶ．*lac* オペロンのアクチベーターである CRP は**カタボライト活性化タンパク質**（catabolite activator protein, **CAP**）ともよばれるが，これはこの調節タンパク質が大腸菌のカタボライト抑制に広く関与しているからである．CRP（CAP）は，エフェクターであるサイクリック AMP（cAMP）と結合すると DNA 結合活性を示すようになる．cAMP は，原核生物のみならず，真核生物においてもさまざまな調節システムのシグナル物質として働くことが知られている．大腸菌では，グルコースが存在すると cAMP を合成する酵素（アデニル酸シクラーゼ）の活性が阻害され，細胞内の cAMP 濃度が低下する．そのため，グルコース存在下では CRP による *lac* オペロンの転写活性化が起こらず，ラクトースの分解活性が抑制される．CRP は，*lac* オペロン以外にも，ガラクトース代謝に関与するオペロン（*gal* オペロン）やアラビノース代謝に関与するオペロン（*araBAD* オペロン）を含む，100 以上のオペロンの転写調節に関与する．カタボライト抑制をひき起こす化合物（優先的に利用される炭素源）は生物種によって異なり，緑膿菌（*Pseudomonas aeruginosa*）ではコハク酸によってカタボライト抑制が生じることが知られている．CRP のようにさまざまな遺伝子の発現に関与する転写調節因子は，**包括的調節因子**とよばれている．

CRP が cAMP を受容すると，アロステリック効果によってヘリックス・ターン・

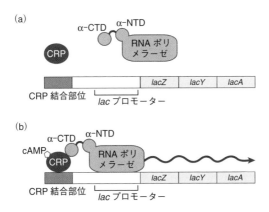

図 10・5　CRP と cAMP による *lac* オペロンの転写活性化　(a) cAMP が存在しない場合，RNA ポリメラーゼは *lac* プロモーターに結合せず，転写は抑制されている．(b) cAMP が存在すると，CRP が CRP 結合部位に結合し，RNA ポリメラーゼが動員されることによって転写が活性化される．

ヘリックスとその周囲の構造が変化し，特定の DNA（CRP 結合部位）に結合できるようになる．CRP 結合部位にも，*lac* オペレーターほど完全な形ではないが，逆向き反復配列が存在する（図 10・2 参照）．この部位に CRP が結合すると，CRP によって RNA ポリメラーゼが引きよせられ，転写が促進される．RNA ポリメラーゼの α サブユニットは，N 末端ドメイン（N-terminal domain，NTD）と C 末端ドメイン（C-terminal domain，CTD）が柔軟な連結部位を介してつながれた構造をしており，α サブユニットの CTD（α-CTD）は，RNA ポリメラーゼの本体から突き出たようになっている．CRP は，この α-CTD と相互作用することによって RNA ポリメラーゼを引きよせ，RNA ポリメラーゼのプロモーターへの結合を助けることによって転写を活性化する（図 10・5）．このように，調節タンパク質が RNA ポリメラーゼを引きよせることを，**動員**という．*lac* プロモーターには UP 配列* が存在せず，RNA ポリメラーゼが CRP によって動員されない場合は *lac* オペロンの転写量は少ない．一方，CRP が CRP 結合部位に結合すると，RNA ポリメラーゼの α-CTD が CRP に結合し，RNA ポリメラーゼがプロモーターの近傍に動員される．その結果，RNA ポリメラーゼは *lac* プロモーターと強力に相互作用できるようになり，*lac* オペロンの転写が活性化される．

*§8・2・1参照.

10・1・4　NtrC と MerR

多くのアクチベーターは RNA ポリメラーゼを動員することによって転写を活性化するが，それ以外の機構によって転写を活性化するアクチベーターも存在する．たとえば，グルタミン合成酵素をコードする *glnA* 遺伝子の転写を調節する **NtrC** は，すでにプロモーターに結合している RNA ポリメラーゼの立体構造を変化させることによって転写を活性化する．この転写調節タンパク質も，CRP と同様に環境からのシグナルに応じて特定の DNA 配列に結合する．NtrC の場合，細胞内のグルタミン濃度が低いと NtrB キナーゼ（リン酸化酵素）によってリン酸化され，*glnA* 遺伝子の上流部位に結合するようになる．しかし，CRP の場合とは異なり，NtrC の結合部位はプロモーターから約 150 bp 離れた場所にある．そのため，NtrC が RNA ポリメラーゼと相互作用する際には，NtrC 結合部位とプロモーターの間の DNA が折れ曲がり，ループが形成される（図 10・6）．

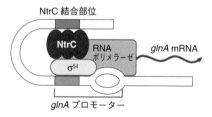

図 10・6　NtrC による *glnA* 遺伝子の転写活性化　NtrC が RNA ポリメラーゼ内の σ54 に接触すると，*glnA* プロモーターの二本鎖 DNA が開裂し，転写が開始される．

glnA の上流にあるプロモーターは，主要 σ 因子である σ70 ではなく，σ54 を含む RNA ポリメラーゼと結合する．σ54 を含む RNA ポリメラーゼは NtrC の有無にかかわらず *glnA* プロモーターに結合する．しかし，NtrC がない場合は，RNA ポリ

メラーゼが結合しても *glnA* プロモーター内の DNA 配列（二本鎖 DNA）が開裂せず，閉鎖型複合体のままであるため，転写が生じない．一方，NtrC が RNA ポリメラーゼと相互作用すると，RNA ポリメラーゼの構造変化に伴って *glnA* プロモーター内の DNA 配列が開裂して開放型複合体となり，転写が開始される（図 10・6）．NtrC は ATP を加水分解する活性をもち，この際に生じたエネルギーが，RNA ポリメラーゼの構造変化と二本鎖 DNA の開裂に使われる．このように，NtrC は RNA ポリメラーゼと DNA の複合体にエネルギーを与え，これらの構造を変化させることによって転写を活性化する．

　一方，水銀耐性に関与するオペロン（*mer* オペロン）のアクチベーターである **MerR** は，DNA をねじることによって転写を活性化する．MerR は，エフェクターである水銀イオン（Hg^{2+}）の有無にかかわらず，*metT* プロモーターの−10 配列と−35 配列の間の DNA 領域に結合する（図 10・7）．通常のプロモーターでは−10 配列と−35 配列の間隔は 15〜17 bp であるが，*metT* プロモーターの場合はこれらの配列の間隔は 19 bp である．そのため，*metT* プロモーターの−10 配列と−35 配列は，二本鎖 DNA のらせんに沿って通常よりも少しねじれて配置されている．Hg^{2+} がない状態において MerR が DNA に結合すると，このねじれが固定化され，RNA ポリメラーゼはプロモーターに結合できるが転写を開始することができない状況となる（図 10・7a）．しかし，MerR に Hg^{2+} が結合すると，MerR の立体構造が変化し，それに伴って MerR 結合部位を中心として DNA がねじれる（図 10・7b）．その結果，*metT* プロモーターの−10 配列と−35 配列が通常の距離（転写が開始できる距離）に近づき，*mer* オペロンの転写が開始される．つまり，MerR はすでに RNA ポリメラーゼが結合しているプロモーターの DNA 構造を変化させることによって転写を活性化する．

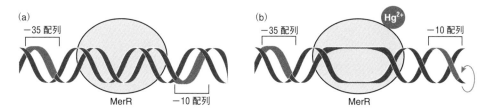

図 10・7　MerR による *mer* オペロンの転写活性化　*metT* プロモーターの−35 配列と−10 配列は DNA らせんにおいてほぼ反対側に位置している．（a）Hg^{2+} が存在しない場合，MerR によって−35 配列と−10 配列の配置が固定化され，RNA ポリメラーゼの作用が妨げられる．（b）Hg^{2+} が存在すると，MerR の作用によって DNA がねじれることで−35 配列と−10 配列が適切に配置され，転写が活性化する．

10・1・5　アラビノースオペロン

　アラビノースオペロンは，アラビノースの異化に関与するオペロンであり，*araB*，*araA*，*araD* の三つの遺伝子から構成されるため *araBAD* オペロンともよばれる．このオペロンの転写は，CRP と **AraC** の二つの転写調節タンパク質の働きにより，グルコースが存在せずアラビノースが存在する場合に活性化するように調節されている．ラクトースオペロンの場合と同じように，アラビノースオペロンに

おいても CRP がグルコースによるカタボライト抑制に関与し，グルコースが存在しない場合にこのオペロンの転写を活性化する．一方，AraC はアラビノースをエフェクターとして感知し，その濃度に応じてアラビノースオペロンの転写を制御する．この転写調節タンパク質は，アラビノースが存在する場合にはアクチベーターとして働くが，アラビノースが存在しない場合にはリプレッサーとして働くという特徴をもつ．

(a) アラビノース非存在時

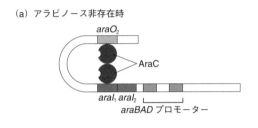

(b) アラビノース存在時

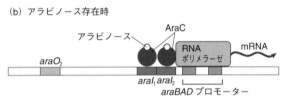

図 10・8　**AraC によるアラビノースオペロンの制御**　(a) アラビノースが存在しない場合，AraC 二量体は *araO₂* と *araI₁* に結合し，*araBAD* プロモーターからの転写を抑制する．(b) アラビノースが存在すると，アラビノースが AraC に結合し，AraC の立体構造が変化する．構造が変化した AraC は *araI₁* と *araI₂* に結合し，*araBAD* プロモーターからの転写を活性化する．アラビノースオペロンの転写活性化には CRP も関与するが，この図では省略する．

アラビノースオペロンのプロモーター（*araBAD* プロモーター）の上流には，*araI₁*，*araI₂*，および *araO₂* とよばれる 3 箇所の AraC 結合部位がある（図 10・8）．これらのなかで AraC が実際にどの部位に結合するのかは，アラビノースの有無によって決まる．アラビノースが存在しない場合，AraC（二量体）はサブユニットの一つが *araO₂* に結合し，もう一つのサブユニットが *araI₁* に結合する（図 10・8a）．*araO₂* と *araI₁* の間は約 200 bp 離れているため，AraC がこれらの部位に結合すると DNA のループが形成される．この状態では RNA ポリメラーゼは *araBAD* プロモーターに結合することができないため，アラビノースオペロンの転写は抑制される．一方，アラビノースが存在する場合，アラビノースを受容した AraC は立体構造が変化し，*araI₁* と *araI₂* に結合するようになる（図 10・8b）．この状態になると，CRP の助けとともに RNA ポリメラーゼが *araBAD* プロモーターに結合できるようになり，アラビノースオペロンの転写が活性化される．このように，AraC はアラビノースの有無に応じて異なる DNA 部位に結合することで，アクチベーターとリプレッサーの両方の役割を果たす．

この仕組みが働くことにより，*araBAD* プロモーターからの転写は，アラビノースが存在しない場合には強力に抑制されるが，アラビノースが存在すると顕著に活性化される．この性質により，*araBAD* プロモーターは，発現ベクターにおける遺

伝子発現用プロモーターとしても利用されている. *araBAD* プロモーターを利用すれば，アラビノースの添加によって強力に目的タンパク質の遺伝子発現を誘導することができる. 一方，アラビノースを添加しない場合には，*araBAD* プロモーターからの転写はほとんど生じないため，タンパク質合成が不要な場合は遺伝子発現を抑制しておくことができる. この仕組みを利用すれば，宿主生物の細胞増殖を阻害してしまうような毒性を示すタンパク質を合成することも可能となる.

10・1・6　アテニュエーションによる調節

これまでみてきたように，原核生物における転写は，多くの場合 DNA に結合する転写調節タンパク質によって制御されるが，それ以外の仕組みによって調節される場合もある. たとえば，大腸菌のトリプトファン生合成に関与するオペロン（*trp* オペロン）は，**転写減衰（アテニュエーション）**による発現制御を受ける. アテニュエーションとは，DNA から転写された mRNA の構造が RNA ポリメラーゼに作用し，その後の mRNA 合成を妨げることによって遺伝子の発現が抑制される仕組みのことである.

trp オペロンは，アテニュエーションによってトリプトファンが欠乏しているときに効率よく発現するように調節されている. *trp* オペロンは五つの *trp* 遺伝子から構成されており，細胞内のトリプトファン濃度が低い場合はこれらの遺伝子が最後まで転写される（図 10・9a）. しかし，細胞内にトリプトファンが十分に存在すると，最初の遺伝子である *trpE* とプロモーターの間にあるリーダー配列とよばれる領域で転写が減衰し，それ以降の mRNA が合成されなくなる. この転写減衰（アテニュエーション）は，以下の仕組みによりトリプトファンの存在とリボソームの作用の組合わせによってひき起こされる.

リーダー配列から転写される RNA（リーダー RNA）には，ヘアピン構造（ステムループ構造）を形成するための領域が 4 箇所含まれている（図 10・9b，領域 1 〜4）. このなかで，領域 3 と 4 がヘアピンを形成すると，このヘアピンが内在性ターミネーターとして働いて転写が終結する. 一方，領域 2 と 3 がヘアピンを形成すると，領域 3 と 4 による転写終結ヘアピンが形成されなくなるため，*trp* オペロンは最後まで転写されるようになる. このリーダー RNA の構造変化は，リボソームがリーダー RNA に作用することによって生じる（図 10・9c）. 原核生物では，転写とほぼ同時に翻訳が開始されるため，転写されたリーダー RNA にはただちにリボソームが結合する. リーダー RNA の上流部には 14 個のアミノ酸からなる短いペプチド（リーダーペプチド）をコードする配列が存在し，このなかにはトリプトファンを指定するコドンが二つ含まれている（図 10・9b）. トリプトファンが十分に存在する場合は，トリプトファンが結合した tRNA（トリプトファニル tRNA，tRNA^{Trp}）がとどこおりなく供給されるため，リーダーペプチドの合成はただちに完了する. この場合，領域 3 と 4 の RNA 合成が終了するころには，リボソームは領域 2 をふさぐように RNA に結合している. この状態では領域 2 と 3 のヘアピン形成が妨げられるため，領域 3 と 4 の転写終結ヘアピンが形成され，ここで転写が減衰する. 一方，トリプトファンが不足すると，tRNA^{Trp} が欠乏するため，リボソームは領域 1 内のトリプトファンコドンで停止する. この状態では領域 2 と 3 が

(a) *trp* オペロンのリーダー配列と構造遺伝子の転写

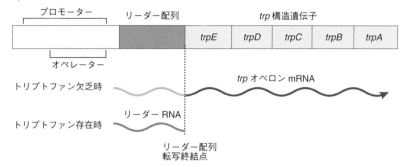

(b) *trp* オペロンのリーダー RNA 配列

リーダーペプチド

Met Lys Ala Ile Phe Val Leu Lys Gly **Trp** **Trp** Arg Thr Ser

AAGUUCACGUAAAAAGGGUAUCGACAAUGAAAGCAAUUUUCGUACUGAAAGGUUGGUGGCGCACUUCC-

領域 1

-UGAAACGGGCAGUGUAUUCACCAUGCGUAAAGCAAUCAGAUACCCAGCCCGCCUAAUGAGCGGGCUUU-

終止コドン　　領域 2　　　　　　　　*trpE*　　　　　　　領域 3　　　　領域 4

-UUUUUGAACAAAAUUAGAGAAUAACAAUGCAAACACAAAAACCGACUCUCGAACUGCUAACCUGCGAA

↑
リーダー RNA
転写終結点

Met Gln Thr Gln Lys Pro Thr Leu Glu Leu Leu Thr Cys Glu

(c) アテニュエーションによる *trp* オペロンの転写調節

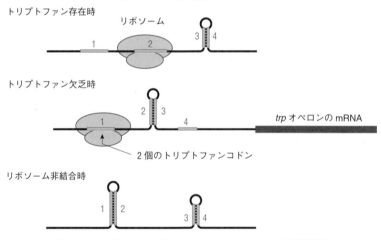

図 10・9　アテニュエーションによる *trp* オペロンの転写調節

ヘアピンを形成し，領域 3 と 4 の転写終結ヘアピンが形成されないため，*trp* オペロンは最後まで転写されるようになる．リボソームがリーダーRNA に結合していない状態（タンパク質合成が生じない状態）では，領域 2 は領域 1 とヘアピンを形成し，領域 3 と 4 の転写終結ヘアピンが形成されるため，やはり転写が減衰する．

　また，*trp* オペロンはリプレッサー（TrpR）とオペレーターによる転写調節も受けており，TrpR はトリプトファンと結合するとオペレーターに結合し転写を抑制する．すなわち，トリプトファンは *trp* オペロンのコリプレッサーとして働く．

　以上の仕組みにより，*trp* オペロンの発現はトリプトファンの存在自体によって厳密に制御されている．同様のアテニュエーションによる制御は，ロイシン生合成

オペロン（*leu* オペロン）やヒスチジン生合成オペロン（*his* オペロン）などの，他のいくつかのアミノ酸生合成オペロンにおいてもみられる．*leu* オペロンのリーダーペプチドには 4 個のロイシンコドン，*his* オペロンのリーダーペプチドには 7 個のヒスチジンコドンが連続して並んでおり，これらのアミノ酸が欠乏した場合にアテニュエーションが解除され，それぞれの生合成オペロンが発現するようになっている．

10・2　真核生物の転写調節

　ヒト成人の体は，約 60 兆個の細胞により構成されているが，これらの細胞は均一ではなく，多種多様である．たとえば，脳を構成する細胞の一つである神経細胞は，他の神経細胞とネットワークを形成するための長い軸索をもつ巨大な細胞であり，寿命が長い．一方で，免疫細胞の一つである好中球は，ほぼ球形の小型細胞で血流に乗って体内を循環するが，寿命は 1 週間程度と比較的短い．このように，われわれの体を構成する細胞は，大きさ，形態，寿命，働きの面で大きく異なる．一方で，これら多種類の細胞はすべて一つの受精卵を起源としており，分化の過程でも分化後の成熟段階においても，一部の例外*を除いて，それぞれの細胞がもつ設計図，すなわち染色体 DNA 上の遺伝子の塩基配列はまったく同じである．

　それでは，どのようにして，同じ設計図をもつそれぞれの細胞が固有の分化経路をたどって別々の細胞になり，その細胞の役割に応じた機能をもつようになるのであろうか．その答えの一つは，遺伝子の発現調節に求めることができる．ゲノム解析により，ヒトの遺伝子数は約 21,000 個と推定されているが，それぞれの細胞では，これら 21,000 遺伝子のすべてが転写・翻訳されるわけではない．たとえば，血糖調節に関与するインスリンは，膵臓のランゲルハンス島に局在する β 細胞でのみ，転写・翻訳が行われる．つまり，細胞種ごと，あるいは，その細胞の状況に応じて，各遺伝子の転写・翻訳が調節され，機能を発揮するために必要な種類のタンパク質を必要な分だけ産生しているのである．多くの場合，このタンパク質の"生産調整"には，遺伝子の転写段階での調節が重要な役割を担っている．本節では，この転写調節の仕組みについてみていこう．

10・2・1　基本転写因子と転写調節因子

　§8・3 でみたように，真核生物の mRNA の転写を担う RNA ポリメラーゼⅡは，**基本転写因子**と協調して転写を行う．RNA ポリメラーゼⅡと基本転写因子で構成される**転写開始複合体**は，遺伝子の転写開始部位およびその上流の約 50～200 bp のプロモーターとよばれる領域に結合し，転写を開始する．基本転写因子（群）は，基本的にすべての遺伝子の転写に普遍的に必要な因子である．この基本転写因子とは別に，特定の遺伝子の転写量を制御する因子として，**転写調節因子**とよばれるタンパク質群が存在する（この転写調節因子のことを単に"転写因子"とよぶ場合があるので注意）．転写調節因子は，転写調節領域（プロモーター，エンハンサーやサイレンサーなど，§10・2・3 参照）とよばれる DNA 上の特定の塩基配列に結合し，転写開始複合体に作用することで転写を調節する．個々の遺伝子の転写

* 例外として，T 細胞における T 細胞受容体遺伝子や B 細胞における B 細胞受容体（抗体）遺伝子は，分化の過程で遺伝子の再編成を起こすため，他の細胞の同じ遺伝子とは配列が異なる（§7・4 参照）．

　調節領域は，転写開始部位の上流に存在する場合も，下流に存在する場合もあり，ときには，プロモーター領域から数千塩基離れた場所に存在する場合もある．転写調節因子は，プロモーターから遠く離れている部位に結合した場合でも，DNA にループをつくることで，転写開始複合体に結合し転写を調節する（図10・10）．

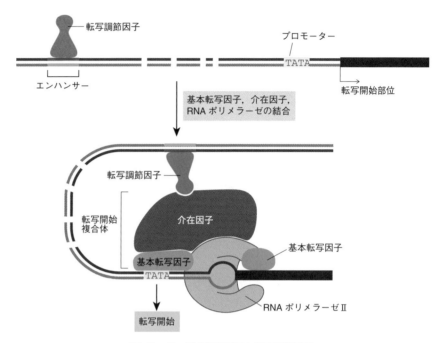

図 10・10　基本転写因子と転写調節因子

　転写調節因子は，特定の塩基配列に結合して作用を発揮する．実際に，これまでに同定された多くの転写調節因子は，結合配列（コンセンサス配列）が同定されている．たとえば，c-Fos とよばれる転写調節因子は，別の転写調節因子である c-Jun とヘテロ二量体を形成して，5′-TGAGCTCA-3′ という塩基配列を認識して結合する．転写調節因子は，DNA の特定の配列に結合するために，ホメオドメイン，ジンクフィンガー，ヘリックス・ループ・ヘリックスといった特定の構造や，ロイシンジッパーという二量体化に関わる配列をもっていることが多い．

10・2・2　転写調節因子の活性化

　転写調節因子は，細胞の分化や細胞刺激に応じて特定の遺伝子の発現を厳密に制御するが，そのオンとオフの制御はどのような仕組みで行われているのだろうか．特定の細胞の分化に関与している転写調節因子などは，細胞での発現量が厳密に制御されており，細胞内の転写調節因子の存在量に応じて，その標的遺伝子の発現量が変化している場合がある．一方で，環境の変化に素早く応答して働く転写調節因子などは，定常状態においても細胞内に一定量が存在するものの不活性化されており，刺激により速やかに活性化される．転写調節因子の活性化機構はさまざまであるが，ここでは一つの例として，炎症誘導に重要な役割を担う転写因子である**NFκB** の活性化機構について説明しよう．

　免疫細胞の一つであるマクロファージは，体内に侵入した病原体を感知して，TNFα や IL-6 といった炎症性サイトカインを産生し炎症を惹起する．炎症性サイトカイン遺伝子は，転写レベルで厳密に制御されており，定常状態ではまったく発現していない．マクロファージの細胞膜上にある Toll 様受容体（TLR, Toll-like receptor）などのセンサーが病原体を感知すると，速やかに炎症性サイトカイン遺伝子の発現が亢進する．この炎症性サイトカイン遺伝子の転写促進に関与している転写調節因子が NFκB である．NFκB は，定常状態のマクロファージに一定量存在しているが，NFκB の阻害因子である IκB と結合しているために，核内に移行できず細胞質に留まっている．病原体が体内に侵入し，TLR にそのリガンドである病原体構成成分が結合すると，細胞内にシグナルが伝達され IκB のリン酸化酵素である IκB キナーゼ（IKK）が活性化される．活性化 IKK によりリン酸化が起こると，IκB はユビキチン化され，プロテオソームにより分解される．その結果，IκB と解離した NFκB は核に移行し，炎症性サイトカイン遺伝子の転写を促進する（図10・11）．このように，細胞外からの刺激に応じて，転写調節因子自身，あるいはその制御因子の修飾が起こることで，転写調節因子の活性化がひき起こされ，迅速な遺伝子発現が誘導されるのである．

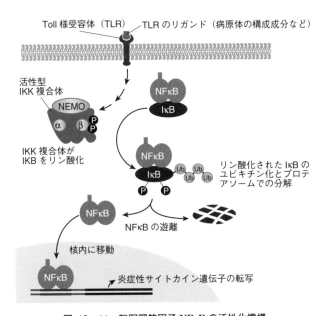

図 10・11　転写調節因子 NFκB の活性化機構

10・2・3　転写を制御する仕組み

　転写調節因子による転写制御の仕組みを図10・12に示す．

　a. エンハンサーとインスレーター　　エンハンサーとよばれる DNA 領域には，転写調節因子のなかでも，転写を促進する因子（**転写活性化因子，アクチベーター**）が結合する．前述のように，エンハンサーは，転写開始部位との位置関係や距離，さらに向きに関係なく転写を促進する働きをもち，ときには数千塩基対離れた場所

に存在する．距離が離れていても作用するのであれば，一つのエンハンサー領域に結合した転写活性化因子が，近傍に存在する複数の遺伝子の転写を誤って促進する可能性がありそうだが，実際にはそのようなことは起こらない．これは**インスレーター**とよばれる DNA 領域の働きによる．実験的にエンハンサーと遺伝子の間にインスレーターの配列を挿入すると，エンハンサーに結合した転写活性化因子による遺伝子の転写促進がみられなくなることから，転写活性化作用を絶縁する配列であると考えられている．すなわち，インスレーターによって，エンハンサーの作用により発現する遺伝子の領域が定められ，不必要な遺伝子の発現が起こらないようになっていると考えられる．

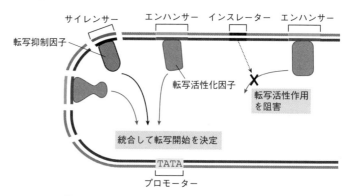

図 10・12　転写調節因子による転写制御の仕組み

b. サイレンサーと転写抑制因子　　転写調節領域には，前述のエンハンサーと同様に転写調節因子と結合するが，反対に転写を抑制する領域が存在する．この転写の抑制に働く領域を**サイレンサー**とよぶ．サイレンサーには，**転写抑制因子（リプレッサー）**とよばれる転写調節因子が結合し，転写を負に制御する．転写抑制因子による転写抑制の機序には，転写活性化因子がエンハンサー領域に結合するのを阻害する場合や，転写活性化因子の活性化ドメインに結合してその作用を阻害する場合，基本転写因子に結合してその作用を阻害する場合などがある．多くの遺伝子では，複数の転写活性化因子と転写抑制因子が相互に作用することで，転写が厳密に調節されていると考えられる．

10・2・4　クロマチン構造と転写制御

a. ユークロマチンとヘテロクロマチン　　クロマチンは**ユークロマチン**と**ヘテロクロマチン**の 2 種類に大きく分けることができる．ユークロマチンは凝縮度が低く，緩い構造をしている．ユークロマチンには多くの遺伝子が存在し，ここに存在する遺伝子の一部は活発に転写される．一方，ヘテロクロマチンは，細胞周期によらず常に凝縮している抑制的なクロマチンである．

　ヘテロクロマチンには，**構成的ヘテロクロマチン**と**条件的ヘテロクロマチン**の 2 種類がある．構成的ヘテロクロマチンは，発生過程を問わず常に凝縮した状態を維持し，染色体の末端構造である**テロメア**やセントロメア近傍の**ペリセントロメア**に存在する．これらの領域にはほとんど遺伝子が存在せず，反復配列で構成されている．一方，条件的ヘテロクロマチンは，転写が頻繁な染色体の領域が，発生や分化

の過程で不活性化されるクロマチンのことをいう．条件的ヘテロクロマチンの代表
的な例として，哺乳類の雌細胞でみられる X 染色体の不活性化がある*.

* §10・3・5参照.

　ヘテロクロマチンの領域に遺伝子を人為的に移すと，遺伝子発現をしない休止状
態になる．このように，染色体の位置によって遺伝子発現が変化することを**位置効
果**とよび，位置効果により遺伝子の発現が抑制されることを**転写サイレンシング**と
いう．ヘテロクロマチンは転写サイレンシングをひき起こす代表的なクロマチン構
造であり，例としてはショウジョウバエでみられる斑入りという現象がある．ショ
ウジョウバエの *white* 遺伝子は，野生型の目を赤色にする．この遺伝子に変異が入
り不活性化されると，赤色の色素を産生できなくなり目は白くなるので，"white"
と名づけられた．染色体逆位により，*white* 遺伝子がヘテロクロマチンの近傍に置
かれると，*white* 遺伝子が発現する細胞と発現しない細胞が混ざり，目の色が斑模
様になる（図 10・13）．これは，ヘテロクロマチンが隣接するクロマチンにまで広
がり，その結果，遺伝子の発現が抑制されるため起こる現象である．細胞によりヘ
テロクロマチン構造が伝播される範囲が異なり，*white* 遺伝子が発現したりしな
かったりするので，目の色は斑模様となる．

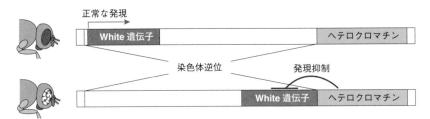

図 10・13　位置効果によるショウジョウバエの斑入り

　b. ヒストンのメチル化　　どのようにしてヘテロクロマチンは形成されるので
あろうか？　ヘテロクロマチンの形成には，第3章で述べたヒストンの修飾が深く
関与する．構成的ヘテロクロマチンの形成に重要なヒストン修飾は，ヒストン H3
の9番目のリシン残基（ヒストン H3K9）のトリメチル化である．ヒストン H3K9

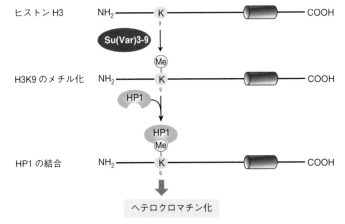

図 10・14　ヒストン H3K9 のメチル化と HP1 によるヘテロクロマチンの形成機構

のトリメチル化酵素である **Su(Var)3-9** は，ショウジョウバエの斑入りの位置効果を抑制する因子として発見された．その後の解析により，Su(Var)3-9 およびその相同タンパク質（ヒトの Suv39h1 など）にヒストン H3K9 のトリメチル化を触媒する酵素活性があることが見いだされた．Suv39h1 によりヒストン H3K9 がトリメチル化されると，ヘテロクロマチンの構造タンパク質である **HP1** が集積する．Su(Var)3-9 と同様に，HP1 もショウジョウバエの位置効果を抑圧する遺伝子のスクリーニングにより同定された．HP1 は N 末端側にメチル化されたリシンと特異的に結合する**クロモドメイン**をもっており，このドメインを介してトリメチル化されたヒストン H3K9 を認識し，結合することによりヘテロクロマチンが形成される（図 10・14）．

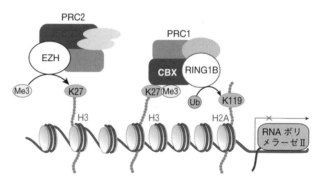

図 10・15　ポリコーム複合体による転写サイレンシング
[*J. Cell Sci.*, **125**, 3939-3948（2012）より改変]

　一方，ヒストン H3K27 のトリメチル化は条件的ヘテロクロマチンの形成に関与し，ショウジョウバエで最初に見つかった**ポリコームタンパク質群**とよばれるタンパク質複合体が関わる．ポリコームには，PRC1 と PRC2 という 2 種類のタンパク質複合体がある．PRC2 複合体にはヒストン H3K27 のトリメチル化を触媒する酵素（enhancer of Zeste）が構成因子として存在し，ヒトでは enhancer of Zeste homolog（EZH）とよばれる．一方，PRC1 には，リシン残基がメチル化されたヒストンを認識する CBX（chromobox）タンパク質が存在する．CBX は HP1 と同様にクロモドメインをもつが，HP1 のクロモドメインとは異なり，CBX のクロモドメインはトリメチル化されたヒストン H3K27 を特異的に認識する．PRC2 によってヒストン H3K27 にメチル基が導入されると，CBX タンパク質のクロモドメインを介して PRC1 が集積する．PRC1 複合体の中にはユビキチンリガーゼ（E3）である RING1 というタンパク質が含まれ，RING1 が周辺のヒストン H2A の 119 番目のリシン残基（ヒストン H2AK119）をユビキチン化する．ヒストン H2A4K119 のユビキチン化が転写サイレンシングに重要な役割を果たすと考えられている（図 10・15）．

　c. DNA のメチル化　　ヘテロクロマチンの形成には，ヒストンのメチル化のみでなく，**DNA のメチル化**も関わる．メチル化される塩基はシトシンであり，ピリミジン環の 5 位の炭素原子がメチル化される（図 10・16）．多くの場合，シトシンの次にグアニンがくる CpG 配列のシトシンがメチル化される．ヒストンと同様

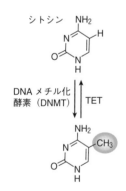

図10・16　シトシンのメチル化

にDNAのメチル化も酵素によって可逆的に調節される．メチル化反応は，DNAメチル化酵素（DNMT）が触媒する．一方，DNAの脱メチルが起こるかどうかは長い間不明であったが，TET（ten-eleven translocation）とよばれる水酸化酵素が酸化的にDNAの脱メチル反応を触媒することが明らかとなった．DNAがメチル化されると，MeCP2などの，メチル化されたDNAと結合するMBD（methyl-CpG-binding domain）ドメインをもつタンパク質（MBDタンパク質）がクロマチンに動員される．MBDタンパク質はヒストン脱アセチル化酵素やヒストンメチル化酵素と結合しており，周辺のヒストンのリシン残基を脱アセチル化し，アセチル基が取除かれたリシン残基にメチル基が導入されることによりクロマチンが凝縮し，周辺の遺伝子の発現が抑制される（図10・17）．

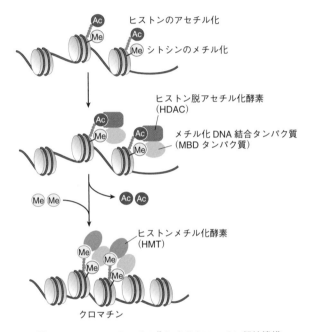

図 10・17　**DNAのメチル化によるクロマチン凝縮機構**

コラム5　**iPS 細 胞**

　体細胞のほとんどは分化した細胞であり，ほかの系列の細胞に変化することは不可能である．これは，エピジェネティックなクロマチン構造の変化が娘細胞，孫細胞…と子孫の細胞にも保存されていくからである．このエピジェネティックな継承をリプログラムすれば多分化能をもつ幹細胞をつくることができる．その方法の一つが，**体細胞クローン技術**とよばれる，除核した卵細胞に体細胞核を移植する方法である．しかし，卵細胞を使うため倫理的な問題などからヒトへの応用は不可能である．この問題を克服したのが，山中伸弥らにより開発された**人工多能性幹細胞**（induced pluripotent stem cell, **iPS 細胞**）である．これは，体細胞に山中因子とよばれる四つの遺伝子（*Oct3/4*, *Sox2*, *Klf4*, *c-Myc*）をレトロウイルスを用いて導入することで，エピジェネティックな継承をリプログラミングした細胞である．現在では他の遺伝子やベクターを用いる方法も開発されている．iPS 細胞は，再生医療だけでなく，病気の原因の究明や新薬の開発への利用がなされている．

10・2・5　エピジェネティックな遺伝子調節

　DNA の塩基配列の変化によらずに遺伝子の発現パターンの差違を生み出す仕組みのことを，**エピジェネティクス**という．この遺伝子発現パターンは，細胞に記憶されており，細胞分裂を通して娘細胞に受継がれる．

　何がこのエピジェネティックな遺伝子発現の差違を生み出しているのだろうか？ それは，第 3 章で述べたヒストンの翻訳後修飾や DNA の修飾である．すなわち，ヒストンのアセチル化やメチル化，および DNA のメチル化がエピジェネティックな遺伝子発現を調節する分子基盤として機能する．

　エピジェネティックな遺伝子発現調節の代表的な例として，遺伝子の**ゲノムインプリンティング（ゲノム刷込み）**がある．哺乳類などの 2 倍体の生物は，各遺伝子を二つ，すなわち父親由来の染色体と母親由来の染色体の両方から一つずつ受継いでいる．したがって，常染色体の遺伝子座には一対の対立遺伝子が存在し，通常，両方の対立遺伝子の発現レベルは同じである．しかし実際は，父親由来の染色体でしか発現しない遺伝子と，母親由来の染色体でしか発現しない遺伝子が存在する*．つまり，ある遺伝子は印が付けられてどちらの親由来なのかが記憶され，一方だけが発現するのである．遺伝子に印が付けられるのは生殖細胞が形成される過程であり，このように雌雄のゲノムで異なる情報が刷り込まれることをゲノムインプリンティングという．この印の実体が DNA のメチル化である．父母で生殖細胞が形成される過程で，それぞれ異なるメチル化を受けている．子の細胞では，一般的に DNA がメチル化がされている方の遺伝子は発現が抑制され，されていない方の遺伝子のみが発現する（図 10・18）．ゲノムインプリンティングは，DNA の塩基配列とは関係なく（したがって，DNA の配列を見ただけではゲノムインプリンティングの影響を受ける遺伝子かどうかはわからない），細胞分裂を経て娘細胞に受継がれるエピジェネティックな現象である．

*　哺乳類では単為発生（卵が受精することなく単独で発生すること）は致死となる．このことは，父親由来のゲノムと母親由来のゲノムは等価ではなく，両方のゲノムが必要であることを意味する．

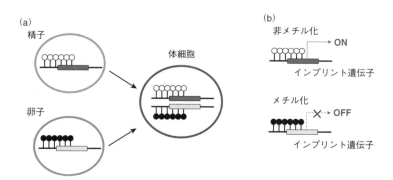

図 10・18　DNA のメチル化によるゲノムインプリンティング

　DNA のメチル化状態はどのようにして次世代の細胞に受継がれるのだろうか？ DNA 複製後，鋳型となった DNA 鎖はメチル化されているが，新規に合成された DNA 鎖はメチル化されていない．この状態のことを**片鎖メチル化**という．DNMT のなかにはまったく修飾されていない DNA をメチル化（*de novo* DNA メチル化）できるものもあるが，**維持メチラーゼ**は，片鎖メチル化された二本鎖 DNA に選択的に結合して，メチル化されていない新生 DNA 鎖を鋳型鎖と同様にメチル

化する（図10・19）．これにより，新規に合成された二本鎖DNAは，もとどおりの両方のDNA鎖がメチル化された状態となる．

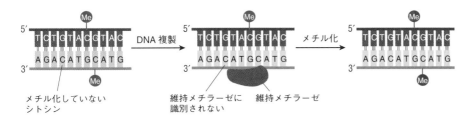

図 10・19　細胞分裂後も DNA のメチル化が維持される仕組み

10・3　調 節 RNA

　従来，DNAはタンパク質の設計図であり，DNAから転写されたRNAはタンパク質に翻訳されて機能するものと考えられてきた．しかしながら，近年，タンパク質をコードしないさまざまな**ノンコーディング RNA（ncRNA）**が調節機能をもつことが次々と明らかにされている．たとえば，RNAアプタマーは生体物質と結合し，その機能を調節する．mRNAと生体物質との結合により遺伝子の発現が調節される仕組みもあり，これをリボスイッチという．また，標的遺伝子と相補的な配列をもつRNAが遺伝子発現を抑制するRNA干渉という仕組みも存在する．さらに，雌のX染色体の一つが不活性化されて遺伝子発現が起こらなくなるX染色体の不活化にも，ノンコーディングRNAが関与する．

10・3・1　RNA アプタマー

　RNAアプタマーとは，特定の生体物質に結合して作用する小さなRNA分子のことである．RNAは，塩基配列に応じて多様な立体構造をとり，その立体構造を介してさまざまな生体物質と結合する．天然のRNAアプタマーとしてはリボスイッチがあるが，人工的にも作製されている．ランダムな塩基配列をもつさまざまなDNAを人工的に合成し，そこからRNAを転写することで多様な配列をもつRNAの集団が得られる．そのなかから標的分子と結合するRNAを選択する作業を繰返すことにより，標的分子に強く結合するRNAアプタマーを得ることができる（図10・20）．

　標的分子に特異的に結合し，その機能を調節することができるRNAアプタマーは創薬分野への応用が期待されており，実際に，血管内皮増殖因子（VEGF）に対するRNAアプタマーは，滲出型加齢黄斑変性症でみられる脈絡膜の血管新生を阻害することにより病態悪化を抑制する作用をもち，この疾患の治療薬として用いられている．

VEGF: vascular endothelial growth factor

10・3・2　リボスイッチ

　人工的に合成したRNAアプタマーと同様に標的分子と特異的に結合する性質をもつRNAは，生体内にも存在し，ビタミン類，アミノ酸，塩基などの代謝物であ

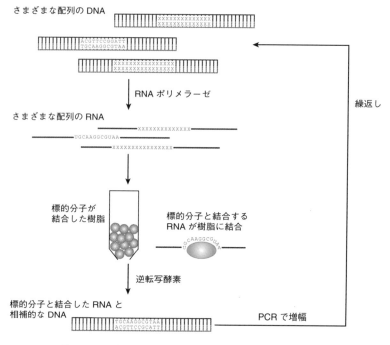

さまざまな配列の DNA

RNA ポリメラーゼ

さまざまな配列の RNA

繰返し

標的分子が
結合した樹脂

標的分子と結合する
RNA が樹脂に結合

逆転写酵素

標的分子と結合した RNA と
相補的な DNA

PCR で増幅

図 10・20　標的分子と結合する RNA アプタマーの選抜方法

る低分子化合物と結合することで遺伝子の発現が調節される mRNA がある. mRNA と生体物質との結合により遺伝子の発現が調節される, このような仕組みを**リボスイッチ**という.

　　リボスイッチはおもにバクテリアの mRNA の 5′ 非翻訳領域に存在し, アプタマー領域で低分子化合物と結合することで, mRNA の二次構造変化が生じて, 翻訳もしくは転写過程が制御される. たとえば, 大腸菌のチアミン合成遺伝子である *thiM* や *thiC* の mRNA は, 5′ 非翻訳領域の thi ボックスという特殊な構造にチアミン誘導体であるチアミン二リン酸 (TPP) が結合することで翻訳が抑制される. 細菌のリボスイッチは, 抗生物質開発の標的になりうる. 実際の例として抗生物質ピリチアミンは細胞で二リン酸ピリチアミンへ代謝され, TPP リボスイッチに結合して, TPP の合成と輸送に関与する遺伝子の発現を抑制して細菌を殺す.

TPP: thiamine pyrophosphate

10・3・3　RNA 干渉

　　特定の遺伝子の機能を知るためには, その遺伝子の機能を阻害して観察することが有効である. RNA を用いて特定の遺伝子の発現を人為的に抑制する方法として**RNA 干渉 (RNAi)** がある. RNAi では, 標的とする遺伝子から転写される mRNA と相補的な配列をもつ二本鎖 RNA (dsRNA) を外部から細胞内に導入することで, 標的遺伝子から転写される mRNA を分解し, 遺伝子の発現を抑制することができる. 従来行われてきた標的遺伝子そのものを破壊する遺伝子のノックアウトに対して, RNAi によって標的遺伝子の発現を抑制する方法は**ノックダウン**とよばれる. 1990 年代後半に, 特定の二本鎖 RNA を線虫に導入すると特定の遺伝子の発現抑制が起こることが最初に報告され, その後, ヒトを含む多くの生物の細胞でも同様の

現象がみられることがわかってきた．以下にRNAiの機構を示す．

① 長い二本鎖RNAや後述する**ヘアピン型RNA**（short hairpin RNA，**shRNA**）は二本鎖RNAを分解する活性をもつ酵素の一種である**Dicer**により切断され，短い**siRNA**（small interference RNA）となる．

② siRNAのうちの1本のRNA鎖が，**RISC**（RNA-induced silencing complex）とよばれるRNA-タンパク質複合体を形成する．RISCはRNA分解酵素活性をもつ．

③ RISCはRISC内に取込まれたRNAと相補的な配列をもつmRNAと結合，分解し，遺伝子発現を抑制する．

哺乳動物細胞を用いてRNAiによる遺伝子発現抑制を行う方法は，以下の二つに大別される（図10・21）．

1）21～25塩基対程度の化学合成したsiRNAを細胞内に導入する方法

導入したsiRNA二本鎖のうち一本がRISCに取込まれて相補的な配列をもつ標的mRNAを分解し，目的遺伝子の発現を阻害する．この方法ではベクターを作成す

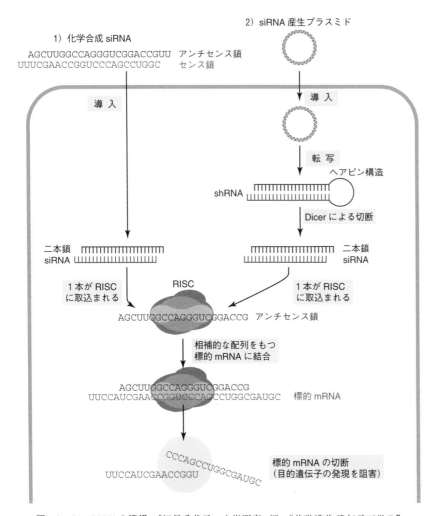

図10・21 RNAiの機構［深見希代子，山岸明彦 編，"基礎講義 遺伝子工学Ⅱ"，図4・1，p.30，東京化学同人（2018）より一部改変］

る必要がなく簡便に発現抑制実験を行うことができ，RNA を化学合成する際に蛍光標識の付加や RNA の安定性を高める修飾をすることもできる．一方で，siRNA は細胞内への導入後，細胞内での分解や細胞の分裂に伴う希釈によって徐々に失われていくため，遺伝子発現を抑制できるのは数日間〜 1 週間程度までの期間に限られる．

2) siRNA を産生するベクターを用いる方法

発現ベクターには多くの場合，ベクターから転写されてくる RNA が分子内で部分的な二本鎖構造（ヘアピン構造）を形成するような塩基配列が組込まれており，転写されてできた **shRNA** が Dicer による切断を受けて二本鎖の siRNA となり，化学合成した siRNA と同様な仕組みで目的遺伝子の発現を抑制する．この方法では，ベクターを標的細胞のゲノムへ安定的に組込むことにより，長期間にわたり，標的遺伝子の発現を抑制することができる．また，ベクターをマウスの受精卵に導入しトランスジェニックマウスを作製することで，個体レベルで RNAi 実験を行うことも可能となる．一方で，ベクター作成作業は煩雑であり，ベクターの細胞内への導入効率が低い場合もある．

このように二つの方法にはそれぞれ長所と短所があり，目的に応じて使い分けられている．

10・3・4 miRNA

siRNA と同じ働きをする 20〜25 ヌクレオチド長の一本鎖 RNA 分子が内在的にも存在し，**マイクロ RNA**（**miRNA**, microRNA）と総称される．miRNA はゲノム DNA から一次 miRNA（pri-miRNA）として転写された後，RNA 分解酵素であるドローシャとその補因子であるパシャというタンパク質の複合体によって切り出されて，分子内にヘアピン構造をもつ約 70 ヌクレオチドの前駆体 miRNA（pre-miRNA）となる．その後，前駆体 miRNA は細胞質に輸送され，Dicer による切断を受け，成熟した miRNA となる．miRNA は RISC に取込まれて相補的な配列をもつ標的 mRNA の分解を誘導したり翻訳を阻害する．

miRNA と siRNA の違いについて，表 10・1 にまとめた．

表 10・1 siRNA と miRNA の比較

	siRNA	miRNA
由 来	おもに外部から導入される	ゲノムから転写される
発現抑制機序	標的 mRNA の分解	翻訳阻害
結合する標的 mRNA 配列	完全に相補的	完全に相補的ではない

ヒトゲノム中には 1000 種類を越える miRNA をコードする配列が存在しており，これらの miRNA は，タンパク質をコードする遺伝子のうち 30% 以上に対してその発現調節を行うことが予想されている．このうち OncomiR とよばれる一群の miRNA はがん抑制遺伝子を標的とするため，発現量が亢進すると細胞のがん化を誘発する．

10・3・5　X 染色体の不活性化

哺乳類の雌は X 染色体を 2 本もつのに対し，雄は 1 本しかもたないため，雌雄間で X 染色体由来の遺伝子発現量の差を是正する必要がある．そのために雌では，X 染色体の一つが不活性化されて遺伝子発現が起こらなくなっている．この現象を**X 染色体の不活性化**（ライオニゼーション）といい，ノンコーディング RNA が関与する．

X 染色体上には X 不活性化中心（XIC）とよばれる塩基配列が存在しており，この部位は X 染色体の不活性化に関係する *XIST* というノンコーディング RNA 遺伝子を含んでいる．*XIST* RNA は，自身が転写された X 染色体の全域を包み込むようにしてヘテロクロマチン構造をとらせることによって，X 染色体を不活性化する（図 10・22）．全域にわたってヘテロクロマチン構造をとった X 染色体を顕微鏡でみると，バー小体という密度の高い染色像として観察される．不活性化される X 染色体（すなわち *XIST* が転写される X 染色体）は，2 本の X 染色体からランダムに選ばれる．

XIC: X-inactivation center
XIST: X-inactive specific transcript

XIST が第 21 染色体の三染色体性（トリソミー）に起因する疾患であるダウン症候群の治療に利用できる可能性が報告されている．ゲノム編集により *XIST* 遺伝子をダウン症候群患者由来の細胞の第 21 染色体に挿入すると，*XIST* のノンコーディング RNA は余分な第 21 染色体を包み込んでヘテロクロマチン構造を誘導し，不活性化できることが報告されている．

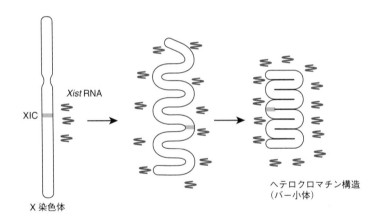

図 10・22　X染色体の不活性化の仕組み

X 染色体の不活性化が関与する身近な例として，三毛猫がある．三毛猫は白，黒，茶色の三色の毛をもつが，白と黒を決める遺伝子は常染色体上にあり，茶色を決める遺伝子（*Orange* という）は X 染色体上にある．茶色を決める遺伝子が *O* である場合は毛色は茶色になり，*o* である場合は茶色にはならない．そのため，茶色を決める遺伝子を *O* と *o* のヘテロでもつ雌では X 染色体の不活性化が起こるので，*O* が存在する X 染色体が不活性化した部分は白または黒となり，*o* が存在する X 染色体が不活性化した部分は茶色になる．X 染色体の不活性化は発生初期にランダムに起こるため，*O* を発現する細胞と *o* を発現する細胞がモザイク状に存在し，白，黒，茶色の三色の毛をもつようになる．

■ 章末問題

10・1　*lac* オペロンの発現における β−ガラクトシダーゼの役割を説明せよ.

10・2　*lac* オペロンの転写調節において, CRP による転写活性化よりも LacI による転写抑制の方が強力に働く. その理由を CRP と LacI の転写調節機構と関連づけて説明せよ.

10・3　転写調節タンパク質が特定の塩基配列を識別して DNA に結合できる理由を説明せよ.

10・4　大腸菌において CRP をコードする遺伝子内に変異が生じると, グルコースが存在する場合でもカタボライト抑制を受けず, *lac* オペロンを発現する変異株が得られることがある. その理由を説明せよ.

10・5　*glnA* 遺伝子の転写は RNA ポリメラーゼがプロモーターに結合しただけでは開始されない. その理由を説明せよ.

10・6　*araBAD* プロモーターを利用して毒性タンパク質を生産する方法を説明せよ.

10・7　アテニュエーションによる転写調節はアミノ酸生合成オペロンにおいてよくみられる. その理由を考察せよ.

10・8　真核細胞ではアテニュエーションによる転写調節は存在しない. なぜか, その理由を説明せよ.

10・9　真核生物の転写におけるエンハンサーとサイレンサーの役割を説明せよ.

10・10　2種類のクロマチン構造について, その構造的特徴と遺伝子発現に与える影響についてそれぞれ答えよ.

10・11　ヒストン H3K9 のメチル化によるヘテロクロマチン形成機構について説明せよ.

10・12　エピジェネティクスとは何か, 説明せよ.

10・13　エピジェネティックな遺伝子制御に関わる三つの修飾を述べよ.

10・14　DNA メチル化が生じる塩基は何か答えよ. また, DNA メチル化が生じる塩基の周辺の塩基配列の特徴について答えよ.

10・15　RNA が塩基配列に応じて固有の構造をとるとした場合, 25 ヌクレオチドからなる RNA がとる立体構造は何種類であるかを計算せよ. なお $4^5 \fallingdotseq 10^3$ として計算してよい.

10・16　大腸菌ではチアミン誘導体であるチアミン二リン酸 (TPP) の増加によりチアミン合成遺伝子の発現が阻害される. その仕組みを説明せよ.

10・17　外部から siRNA を導入した際に標的遺伝子の発現が抑制される仕組みを説明せよ.

10・18　siRNA と miRNA の違いを説明せよ.

10・19　哺乳類の雌では X 染色体の一つが不活性化され遺伝子発現が起こらなくなっている. その仕組みを説明せよ.

索　　引

田中 弘文
1980 年 東京大学薬学部 卒
現 東京薬科大学生命科学部 教授
専門 分子生物学, 細胞生物学
歯 学 博 士

井 上 英 史
1981 年 東京大学薬学部 卒
1986 年 東京大学大学院薬学系研究科博士課程 修了
現 東京薬科大学生命科学部 教授
専門 生化学, 分子生物学
薬 学 博 士

第 1 版 第 1 刷 2020 年 9 月 16 日 発行
第 3 刷 2023 年 2 月 17 日 発行

基 礎 講 義 分 子 生 物 学
―アクティブラーニングにも対応―

© 2 0 2 0

編 集 者　田 中 弘 文
　　　　　井 上 英 史

発 行 者　住 田 六 連

発　行　株式会社 東京化学同人
東京都文京区千石 3-36-7 (〒112-0011)
電話 03-3946-5311・FAX 03-3946-5317
URL: https://www.tkd-pbl.com/

印刷・製本　日本ハイコム株式会社

ISBN978-4-8079-0997-1
Printed in Japan